孩子们看得懂的科学经典

时间简史

郭炎军 编著
张雪青 绘

北京理工大学出版社
BEIJING INSTITUTE OF TECHNOLOGY PRESS

仰望天空，我们无时无刻不惊叹于宇宙中无奇不有的神秘。从古至今，各国科学家们一直对探索宇宙的本源和归宿不遗余力：宇宙是有限的还是无限的？它真的有一个开端吗？黑洞为什么那么“拽”，能吞噬一切？时间的本质是什么？会不会真的有一架宇宙飞船能带我们穿越时空，自由往返于过去和未来？……

不管是成人还是孩子，了解更多宇宙的奥秘是我们每个人心中最原始的欲望。对宇宙、时间与空间的认识，人类经历了一段极其漫长的历史。

在天文物理学领域，无数科学家积极投身于宇宙学研究，试图将宇宙更多谜团一一揭开，进而解释宇宙终极真理。

在科学家眼里，几乎一切都可以得到科学证明：当哥白尼的日心说不被大家认可，开普勒干脆用行星运行三大定律为日心说“作证”；当人们对“重的物体一定比轻的物体下落速度更快”这一说法深信不疑，伽利略就在比萨斜塔上用自由落体定律对此予以驳斥；牛顿用三大运动定律对“力”进行解释，之后又将物体力学和天体力学完美统一，创立经典力学体系，从此宣告自然科学第一次大统一。

后来爱因斯坦横空出世，提出了具有划时代意义的相对论，这位“世纪伟人”用自己无懈可击的理论为我们开启了一个探索宇宙的新大门。

从看星星开始，到探索平行宇宙的多重历史，大爆炸、黑洞、暗物质、引力波、星系形成、时间旅行……千呼万唤中，宇宙的神秘面纱被一点点揭开。

此时此刻，宇宙正上演着一幕幕精彩绝伦的故事，当你通过本系列丛书将脑海中的“？”都变成“。”，你的宇宙探索之旅将变得妙趣横生，与众不同。

本套书分为《宇宙大爆炸》《黑洞的谜团》《时间的历史》三册。编写时参考了权威的背景资料和理论信息，尽量避免枯燥的、专业化的理论知识介绍，用大量比喻将深奥的科学知识变得“活起来”“动起来”；同时书中配有精美的、栩栩如生的手绘图片，令人遐想万千，让你在阅读的同时仿佛身临其境。随着书中文字漫步，我们将理解宇宙膨胀，认识遥远的星系、让人“恼火”的不确定性原理、时间箭头、时空旅行……

衷心希望每一位小读者都能在书中有愉快的探索体验。同时，书中难免有疏漏不妥之处，欢迎小读者们批评斧正！

谨以此丛书献给每一位充满探索欲的孩子！

目录

翻开这一页，
欢迎来到
无奇不有的
神秘宇宙！

认识宇宙，从“看星星”开始

宇宙的故事，就是我们自己的故事。

说到宇宙，我们能想到的是：它很大，超级大，无限大。是的！宇宙包罗万象，星系、行星、卫星、彗星、气体、尘埃……以及那些看不见的神秘力量。不过，人类最初认识宇宙，却是从“看星星”开始。

当时，受科技水平和自身居住环境的局限，大家对世界的认知都是通过“观天象”来获得的。在经历抬头看天、看星星，以及对世界的许多猜测之后，人们意识到：天上各种天文现象和地球上的风、云、雷、电息息相关；农业生产和季节变换都受气象因素影响，于是，早期人类最热衷的活动之一即观察和认识天象。

宇宙是什么样子的呢？

小读者们一定迫不及待地想问：我们生活的宇宙究竟是什

么“模样”的呢？

古代中国人这样回答：“天地混沌如鸡子，盘古生其中。”意思是，我们生活的世界像一个超级大的鸡蛋壳，蛋壳里包裹着蛋黄一般的土地，生在其中的盘古创造了人类文明。

不过，古印度人别出心裁，他们认为大地被驮在四头大象的背上，四头大象又站在一只大海龟的背上。

说起这件事，那可有趣极啦！

著名科学家贝特兰·罗素做过一次关于“地球怎样绕太阳公转，太阳又是怎样围绕巨大恒星团的中心公转”的天文学演讲。

演讲结束后，一位白发苍苍的老妇人气呼呼地对罗素说：“一派胡言，大地分明就是被驮在一只大海龟的背上的。”

“那乌龟站在什么上面呢？”罗素并不生气。

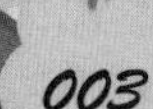

“年轻人，这是一只驮着一只，不断驮下去的乌龟塔啊！”老妇人回答。

把宇宙比喻成一座乌龟塔，这可真荒谬。可是，对宇宙的认识，谁又比谁了解得更清楚呢？

现在，我们只要乘坐飞机从北京出发，向东飞行 13 小时，到达纽约后继续往东飞 7 小时，到达伦敦后继续往东飞 11 小时，便在不知不觉间又绕回北京啦！这就很好地说明，大地一定是球形的。

最最古老的天文学

古人比喻天地时，有这样一句话：四方上下曰宇，古往今来曰宙。他们觉得，宇宙只是时间和空间的统一。

古代美索不达米亚被誉为人类文明最古老的摇篮之一。很久以前，出于掌握植物生长规律的需要，人们迫切需要记录季节和时间，以便有好收成。最古老的天文学也因此产生。

如果你认为古人对宇宙的认识一定是愚昧且荒诞的，那就大错特错了！通过分析太阳运动、行星和恒星的具体位置，美索不达米亚的天文学家掌握了十分精确的行星运行数据。

这意味着那时候的人已经有办法将恒星和行星很好地区分开来。当然，得出的行星运行数据也不能“闲”着。据此，他们制定出一套很“牛”的历法。这套历法记载的行星会合周期相对误差不及1%。此外，他们还根据历法确定日食频率以及预测月食。

当时，古代两河流域（幼发拉底河和底格里斯河）的人把太阳在天球背景下所运行的路线叫黄道，并把黄道带划分为十二星座。从春分点开始，每月对应一个星座，每个星座都按神话中的动物或神命名。

对于十二星座，大家是不是超熟悉？如果十二星座也有生日的话，不妨算一算，它们的年龄有多大呢？

先进的古埃及天文学与玛雅天文学

相比两河流域，古埃及天文学更胜一筹。

古埃及人不但很好地掌握了预测月食和日食的方法，甚至还有专人负责天象观测。

他们发现，每当天狼星和太阳同时出现在地平线上，尼罗河潮头一定在孟斐斯城附近。

“季节”这一概念的诞生就和尼罗河泛滥大有关系。

埃及人将天狼星在日出前升起的时刻定为一年的开始，开始四个月正值尼罗河泛滥，所以叫泛滥季；接下来四个月为恢

复期；后四个月为旱期。他们又将一年定为365日，这就是“阳历”的来源。

说到天文学，玛雅文明不能不提。远在哥伦布发现美洲大陆之前，中美洲的天文知识就已经令人叹为观止。玛雅文明中的祭司对星辰的运动了如指掌，甚至能准确预测金星的运行轨迹和月食。他们创造的日历更精准。奇琴伊察的玛雅文明金字塔台阶有365级，刚好与一年的天数相吻合。

这，简直是奇迹。

知识链接

古时候，人们认为月食很不吉利。当时，他们认为：月亮是被一只凶神恶煞的大狗给吃啦！因此，发生月食时，家家户户都敲锣打鼓，好把恶狗吓跑。但大航海时代的航海家麦哲伦却利用月食化险为夷。当他的船队到达一个小岛后，食物和水消耗殆尽，岛上的土著不愿帮助他们。这时，月食发生。麦哲伦吓唬那些不懂科学的土著说，月食是自己用法力变出来的。如果不乖乖奉献食物和水，就会变出更多月食，给小岛带来灭顶之灾。那些土著吓得面如土色，赶紧按他的话一一照办。

宇宙中心的争议：地心说和日心说

每次登录微信时，都会出现一个小人，孤独地看着一个蓝白相间的大圆球漂浮在茫茫的太空之中。这张真实的图片由阿波罗 17 号飞船的宇航员在太空中拍摄，取名“蓝色弹珠”。这个悬浮的大圆球，就是我们脚下的地球。现在，要证明大地是球形的有很多种方法，但在科技不发达的古代，这可是很费力气的一件事。

亚里士多德：酷爱真理的“学园之灵”

公元前4世纪，古希腊大哲学家亚里士多德提出“地心说”。他认为大地是球形的，是宇宙的中心。他也是世界上第一位科学论证大地是圆球的人。

亚里士多德家境富裕，他17岁就进入当时的最高学府——雅典柏拉图学园。

在这里，看不到教学楼，取而代之的是一个美丽的大公园。学生们也不用规规矩矩地坐着听课，他们就像聚会一样与柏拉图一起说说笑笑，高谈阔论。

柏拉图很欣赏天资聪慧的亚里士多德，称他为“学园之灵”。即使有老师偏爱，亚里士多德对老师的观点也不是全盘接受的，他酷酷的“个性”让他敢于说出自己的意见。当有人指责他不尊敬老师时，他就回应：“吾爱吾师，吾更爱真理。”

在《论天》这部著作中，他首次科学地

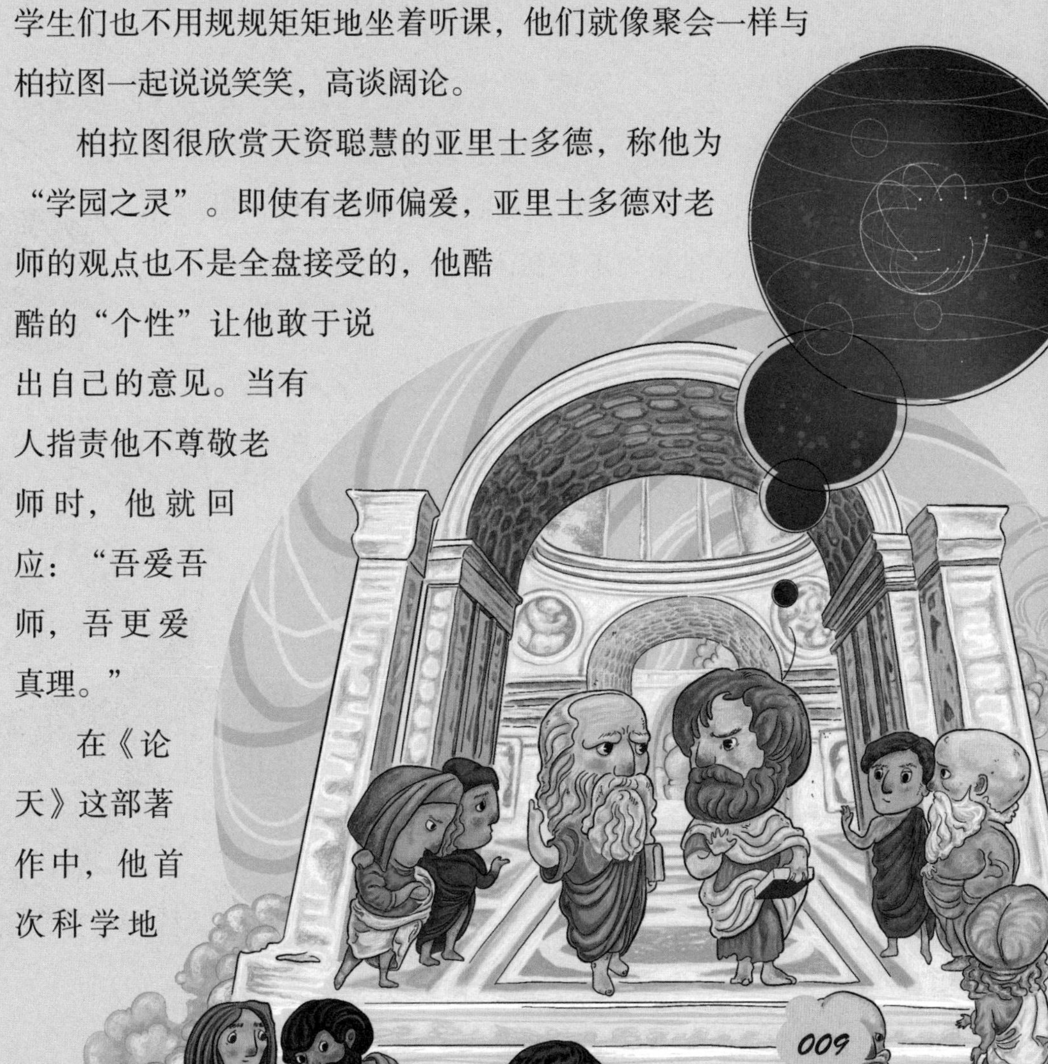

论证了大地为什么是圆球。

发生月食时，好好的圆月莫名其妙就黑了一块，像长了雀斑。慢慢地，“雀斑”越来越大，直到覆盖月亮的整个脸蛋儿。经过好几次观察，亚里士多德发现：遮住月亮的黑斑的边缘都是圆弧形的，无一例外。因此，他大胆推测：大地的影子应该是圆的，大地本身自然也是圆的。在他看来，地球是宇宙中心，宇宙分天、地两层，静止的地球位于宇宙中心。

“破绽，我来解决”：托勒密的地心说

尽管亚里士多德的“地心说”有模有样，但随着人们对行星观测的不断深入，发现它无法解释行星的不规则运行。

公元2世纪，希腊数学家、天文学家托勒密在全面继承“地心说”的基础上大胆设想：各行星“逆行”时，一定要在原来绕地球运行的轨道之外，给行星再加一个可供运行的轨道。假如各行星都围绕一个较小的圆周运动，每个圆的圆心都在以地球为中心的圆周上运动，他把每个小圆叫“本轮”，绕地球的圆叫“均轮”。

与此同时，他猜想：如

果地球没有刚好位于均轮中心，而是有所偏离，金星、水星的本轮中心位于地球和太阳的连线之上。本轮中心在均轮的运转周期为一年。恒星处于恒星天之上，太阳、月亮和行星不仅要进行这些运动，还与恒星天一起，每天绕地球转一圈。

托勒密的设想无疑是进步的，它相对圆满地解释了当时观测到的行星运动情况，对海上航行也有十分重大的意义。他从恒星天体上区分出行星和日月是离我们距离较近的一群天体，这是将太阳系从众星中识别出来的至关重要的一步。

在之后长达几个世纪的时间里，托勒密的地心说都占据统治地位。

宇宙观彻底颠覆：哥白尼的“异端邪说”

真理的殿堂从来都是不断否定、不断建立新理论的过程。

并不是人人都信服亚里士多德的地心说。雅典天文学家阿利斯塔克认为：地球每天“勤快”地绕自己的轴自转，每年沿圆周轨道绕太阳一周，各行星以太阳为中心做圆周运动，太阳和恒星是名副其实的“大懒虫”，因为它们一动不动。

这是最早的日心说。

不过，他的这一学说与当时人们的宇宙观背道而驰，他还差点以亵（xiè）渎神灵的罪名被起诉。随着天文观测技术的进步，地心说的弊端越来越明显。经过长期的天文观测和深入研究，波兰人哥白尼创立了更科学的宇宙结构体系——日心说。

哥白尼认为：太阳在宇宙中心静止不动，地球和行星都绕太阳做圆周运动。

这可了不得！

当时，大家都认为上帝在位于宇宙中心的地球上创造了人类，如果有谁敢说太

阳是宇宙中心，那就一定是异端邪说。

哥白尼的观点几乎无人响应。后来，伽利略用望远镜观测木星时，发现木星周围有几颗小小的卫星绕木星运动，这才说明了天体不是亚里士多德和托勒密认为的那样，直接绕地球运动。之后，天文学家开普勒改进哥白尼的理论，才让预言和观测完全吻合。至此，托勒密的地心说体系正式宣告死亡。

哥白尼的日心说堪称对人类宇宙观的一次彻底颠覆，天文学也得以从宗教神学的束缚中彻底解放出来。

“天动地静”说的终结：开普勒三大定律

说到开普勒三大定律，就不得不提丹麦天文学家第谷·布拉赫。正因为他长期坚持不懈（xiè）地观察，才留下大量精确、翔实的天文观测资料。虽然第谷·布拉赫一生奉行天动说，但他所进行的观测却被开普勒用来证明“地球是绕太阳运转”的。

开普勒三大定律的诞生，不仅很好地解释了行星的运动规律，更为牛顿万有引力定律的提出打下基础。

牛顿有句名言：“如果我比别人看得远些的话，是因为我站在巨人的肩膀上。”我们完全有理由认为，开普勒就是牛顿所说的巨人之一。

第谷超新星的发现

对于开普勒三大定律的诞生，丹麦天文学家第谷·布拉赫功不可没。用现在的话形容，第谷·布拉赫可是一名天

文“发烧友”，他从十多岁就热衷察看星历表以及酷爱阅读各种天文著作。

在一次天文观测时，他发现仙后座的一颗新星，经过连续长达十几个月的观察，他如愿看到这颗星星从明亮到消失的全过程。据此，人们知道，这不是一颗新星的生成，而是一颗很暗的恒星在消失前发生爆炸的过程。后来，这颗星星以第谷的名字命名，被称为第谷超新星。

超新星的发现打破了历来“恒星不变”的学说。

之后，通过观察彗星，他发现彗星的轨道也不是完美的圆

周形，而是被拉长的椭圆形。他甚至提出：地球是静止的中心，太阳绕地球做圆周运动，除地球外，其他行星都绕太阳做圆周运动。

震惊世界的开普勒定律

第谷去世后，留下大量观测资料。第谷的助手开普勒利用这些资料，经过缜密分析研究，提出设想：假如行星都绕太阳运动，运行轨道又都是椭圆形，那么每个行星轨道就会一直向前，本轮就会显得多余。在这个假设的基础上，结合第谷的天文研究结果，他提出行星运动三大规律，从而将行星的运动“秘密”一一揭开。

开普勒第一定律（椭圆定律）：每个行星都沿各自的椭圆轨道环绕太阳运转，太阳处在椭圆的一个焦点中。

开普勒第二定律（面积定律）：从太阳到行星所连接的直线，在相等时间内扫过同等的面积。

开普勒第三定律（周期定律）：行星离太阳越远，运转周期越长，而它运转周

期的平方与它到太阳之间距离的立方成正比。

这三大定律的提出，不仅直接印证了行星绕太阳运动，更成为牛顿万有引力定律的重要基础。

令人讨厌的特殊假设

当时，不论地心说还是日心说，大家一致认为：行星运行时都是做匀速圆周运动。但开普勒通过大量观测发现，就火星运行的轨道而言，如果按照哥白尼、托勒密和第谷所提供的三

知识链接

开普勒是个早产儿，4 岁时因天花差点丧命，之后又患上了猩红热，眼睛被烧坏。因视力不好，天上的星辰对他来说只是微弱的发光体。但就是这个终生病魔缠身的人，被人誉为“为天空立法的人”。1600 年，开普勒为天文学家第谷·布拉赫工作，有幸接触到第谷精确的天文资料，他曾和第谷的弟子朗高蒙田纳斯打赌说：8 天时间他就可以算出火星的轨道。但因为第谷对资料严密保护，开普勒 5 年之后才计算出行星运动遵循的三条定律，9 年后论文才得以正式发表。

种不同方法计算，其结果都不能和第谷的观测结果相吻合。

之后，开普勒尝试用其他的几何图形来假设行星的运行轨道，果断放弃了火星做匀速圆周运动的观念。经过长达四年的苦思冥想，开普勒在修整哥白尼的理论后，认为每个行星不是沿着圆周，而是沿着椭圆（被拉长的圆）轨道运动，太阳就位于这个椭圆轨道的一个焦点之上。

有意思的是，这个椭圆轨道只是一个让开普勒十分讨厌的特殊假设，但多次验证后，他发现椭圆轨道每次都能和自己的观测结果相吻合。

对于这样的观测结果，开普勒实在不喜欢，因为他觉得，椭圆哪有圆周那么和谐又完美呢？

椭圆轨道的提出，需要有打破传统观念的智慧和勇气。在开普勒之前，几乎所有天文学家都对“天体是完美的物体，圆是完美的形状，一切天体运动都是圆周运动”这一观点深信不疑。

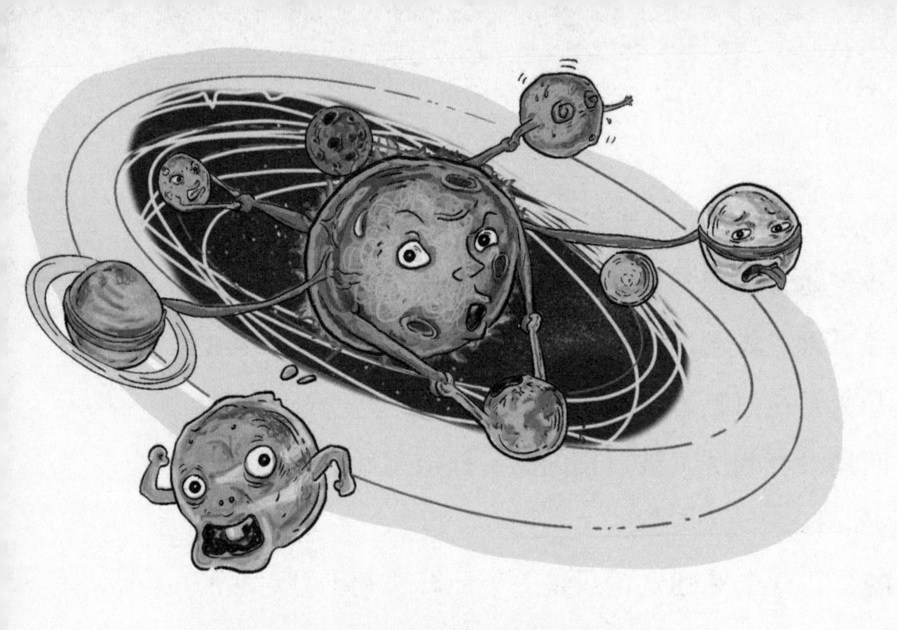

行星运行的动力：万有引力

关于行星绕恒星运行的规律，开普勒定律给出了漂亮的答案，但是却不能解释为什么会产生这种运动。宇宙中大大小小的星球又是怎么保持平衡的呢？当有人将这些难题抛给英国物理学家牛顿的时候，牛顿觉得自己有义务回答。因为他是英国皇家学会的会长，更是大家眼中公认的百科全书式的“全才”。

苹果树下的“幸运儿”：引力，无处不在

一天，牛顿坐在一棵苹果树下对“星球如何保持平衡”这一难题苦思冥想，突然，一个熟透的红苹果不偏不倚刚好掉在他的脑袋上。

没想到，这一砸竟然让牛顿灵感乍现。他猛然意识到：任意两个有质量的物体间，都有一种力相互吸引。这种力不仅可以让苹果与自己的脑袋“亲密接触”，更能让各大行星充满动力，绕太阳运转。这种吸引力无处不在。

经过不断验证，牛顿得出：引力大小与两个物体的质量成正比，与物体间距离成反比。这就是著名的万有引力定律。这条定律很好地回答了行星的绕行问题。宇宙中的每个质点都以一种力与其他各质点相吸引，这种力随质点质量的增加而增加，随距离的增加而减小。

和哥白尼、开普勒他们不一样，牛顿是“幸运儿”。他所处的时代，科学已经从被教会打压的异端邪说变成大家都尊重的科学知识。

不管牛顿是不是曾在苹果树下进行过万有引力的猜想，但如果没有开普勒这位巨人，或许牛顿被苹果“亲吻”999次，也不会有万有引力定律的诞生。

划时代巨著：《自然哲学的数学原理》

在牛顿提出万有引力之后大约20年，细胞发现者胡克、著

名建筑师雷恩和天文学家哈雷等人举行了一次研讨会。这次研讨会以“在距离的平方反比力的作用下，物体的运动轨迹将呈何种形状”为中心议题。他们一致认为：物体运动轨迹为椭圆形。可惜，谁都没能给出有力的证明。

哈雷为此专门拜访牛顿，他觉得牛顿一定可以解决这个问题。没想到，牛顿早已圆满解决了这个问题。在他的鼓励下，牛顿将这一问题的研究成果整理后，于 1887 年出版《自然哲学的数学原理》这一著作。

对于这部划时代巨著，有人觉得晦涩难懂，其实，这是牛顿为了躲避“门外汉”的纠缠而故意为之；对于能看明白的人而言，这部著作堪称“奇书”。

牛顿在著作中运用万有引力定律，不仅很好地解释了行星为什么总是沿着椭圆轨道运行的问题，还高瞻远瞩地预见了哈雷彗星出现的日期、从未发现的天文现象，

包括后来用以证实天王星的存在。

凡此种种，都无可辩驳地验证了万有引力定律的正确性，这也是牛顿深受大家尊重的重要原因之一。

《自然哲学的数学原理》堪称人类所掌握的第一个完整的科学宇宙论，在物理学、天文学、哲学和数学等领域都影响深远。

多米诺骨牌，打破幻想平衡

牛顿和哥白尼一样，认为宇宙无边无际，无数恒星和太阳一样，不会因为行星的绕转而改变位置。而根据万有引力定律，恒星之间互相吸引，则很难保持相对的运动状态。那么，所有恒星最终都会落到一个中心点上吗?

牛顿这样解释：假如宇宙中恒星数量有限，它们相互吸引，最终落到一个中心点。可宇宙中恒星繁多，在广袤（mào）的空间到处分布，又怎么可能存在一个恒星坠落的中心点呢?

如果仅有少量恒星就要塌落聚集，那即使在这些恒星周围添加再多分布均匀的恒星，按照万有引力定律，添加的恒星是不会对原来的少量恒星产生影响的。

伟大如牛顿，他的解释也不合格!当牛顿的解释站不住脚时，有人提出：当星球间距离足够大时，引力就变成斥力。有了引力和斥力，才最终保证宇宙星球的平衡。

如果这样，宇宙平衡显得太过脆弱不堪。假如哪天某颗恒星的位置发生变化，那么与此相关的引力、斥力都会发生变化。这种牵一发而动全身的局面像极了多米诺骨牌，将幻想的平衡彻底打破。

宇宙，究竟如何保持平衡呢？牛顿没有回答，在他之后长达200年的时间里，都无人能作答。

宇宙从哪里来：可怕的思维定式

我们说，人类认识宇宙是从“看星星”开始的。最早的人类对于星象变化的认识，其实也意味着宇宙观念的萌芽。关于“宇宙从哪里来”这一问题，宗教率先给出宇宙起源问题的解释，他们普遍认为，宇宙起源于并不是很遥远的过去某个有限的时间段，可事实果真如此吗？

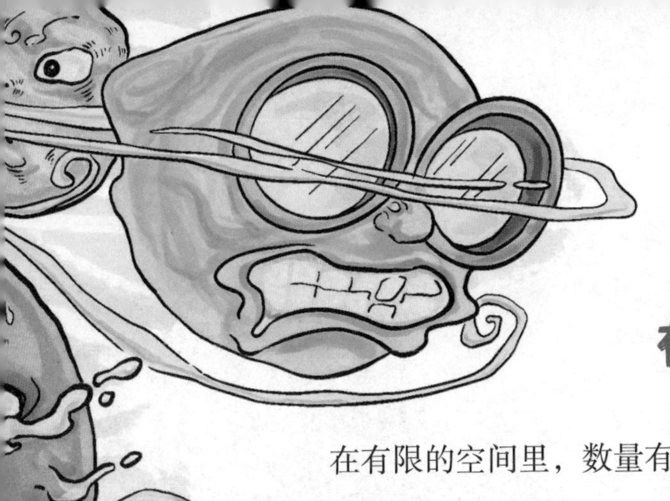

宇宙是不是有一个开端?

在有限的空间里，数量有限的恒星会在引力的作用下彼此吸引并聚在一起，那如果在有限区域再加上一些大体分布均匀的恒星，按照万有引力定律，新加上的恒星会和原有的恒星一样，接连不断地向内塌落聚集。

在引力这种吸引力的作用下，根本不可能构筑一个静态的无限宇宙模型。在无限静态宇宙中，每条视线或每条边，都会在某个恒星表面终止，如此一来，哪怕在夜晚，我们也将看到天空像太阳似的那么明亮。

可事实完全不是这样。

因此，我们只能设想：恒星并不是永远都发光，它们也有自己的“小脾气”，只在过去的某一时间才发光。可真是如此的话，导致恒星在最开始位置上发光的原因是什么呢？宇宙是不是有一个开端呢？

宇宙开端的设想：《创世记》

在早期的宗教传说中，有很多观点都始终认为宇宙有一个开端。古罗马帝国时期的圣奥古斯丁也不例外。作为古罗马帝国时期一位著名的神学家、哲学家和天主教思想家，他的神学思想成为基督教教义的基本来源。

对《创世记》一书进行研究分析后，圣奥古斯丁设定宇宙的创生之时约为公元前 5000 年。之所以得出这样的结论，是因为他觉得人类文明是循序渐进式的，人类要学习并记住祖先的经验技术，按照当时的技术水平，宇宙存在的时间绝不会太长。

对于这一观点，亚里士多德很不赞同。

亚里士多德认为，人类世界永恒存在，人们当然也会学习先辈们的经验和技术，而人类处于文明发展的较低阶段，是因为各种天灾总是呈周期性地发生，因而使文明总是回到起点。

圣奥古斯丁的观点影响了一代又一代人。现代化石研究表明，人类文明早在公元前 10000 年就已经开始萌芽，对于这样的结果，圣奥古斯丁恐怕无论如何都难以接受。

思维定式：宇宙必须是静态的

按照牛顿提出的万有引力定律，如果宇宙是静态的，那么它一定会在引力的作用下开始塌缩。但遗憾的是，在很长时间内，都没有人想到“宇宙膨胀”这一事实 。

思维定式真的很可怕！

既然宇宙不塌缩，就一定会膨胀，当然，膨胀的速度还不可能很慢。因为只有足够快的速度，才能挣脱地球引力，否则就会被地球引力给“拽”回来。

这可不是什么好事。

牛顿和同时代的科学家们，因为脑海里有“宇宙必须是静态的”的思维定式，所以他们始终不改初衷，这严重地束缚了新思想的诞生。

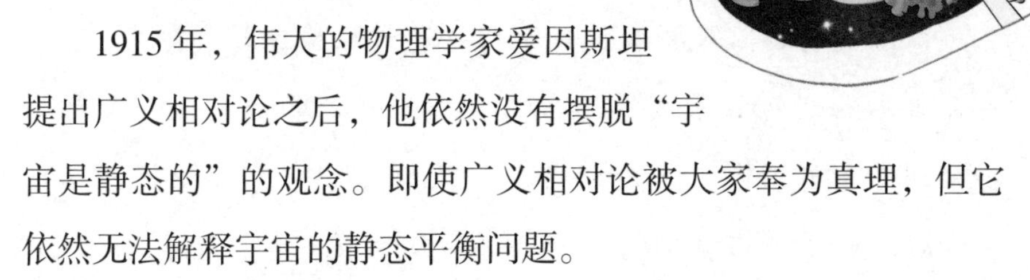

1915 年，伟大的物理学家爱因斯坦提出广义相对论之后，他依然没有摆脱“宇宙是静态的”的观念。即使广义相对论被大家奉为真理，但它依然无法解释宇宙的静态平衡问题。

之后，爱因斯坦不知出于什么原因引入一个毫无根据的宇宙常数，这个常数不需任何物质作为基础，却可以产生一种维持宇宙静态平衡的“超能力”——反引力。

爱因斯坦毫不讳言，这是他一生中所犯的最大的科学错误。

知识链接

1916 年，爱因斯坦完成论文《广义相对论的基础》。他的广义相对论认为：因有物质的存在，空间和时间会发生弯曲，而引力场实际上是一个弯曲的时空。他用太阳引力让空间弯曲这一理论，解释了水星近日点进动中人类一直难以解释的 43 秒。广义相对论的第二大预言为引力红移，即在强引力场中光谱向红端移动。广义相对论的第三大预言是引力场使光线偏转，太阳引力场是最靠近地球的大引力场。除此之外，爱因斯坦还预言，遥远的星光如果掠过太阳表面，将会有 1.7 秒的偏转。

世纪大发现：宇宙在膨胀

哥白尼的日心说将我们对宇宙的认识从地球扩展到“天上”，而天文学的超级巨星埃德温·哈勃又将我们的视野从“天上”扩大到“天外天”。当哈勃通过观测得出“宇宙在膨胀”这一结论后，关于宇宙结构的讨论再次如火如荼地开展起来。

宇宙广袤无边，至少包含2 000亿个星系，每个星系含有1 000亿颗以上乃至更多的恒星。20世纪的天文学家们通过观测遥远天体的距离，才知道宇宙竟然大得超乎我们的想象。对天文学家而言，推断宇宙的过去和未来，弄清宇宙起源的秘密，成为他们穷其一生追求的终极目标。

测量宇宙的“尺子”：光年

小朋友乍一看到“光年”这个词语，会觉得“年”是时间单位，那“光年”应该也是时间单位吧！不过，“光年”虽有个“年”字，却不是时间单位，而是天文学上一种计量天体时空距离的单位。

宇宙那么广袤无垠，要想知道它的深远，就必须有一个合适的长度单位来描述各天体之间遥远的距离。不过，要是这个长度单位不合适，那就很容易让人笑话啦！

比如别人问你，你家到学校有多远呢？你总不能回答一千万毫米吧？通常你会告诉对方，从家到学校 10 千米远。

又比如，半人马座 α 星与太阳之间的距离用天文单位来表示，就是 270 000 天文单位，这还是距离太阳最近的恒星，后面仍然需要加上好几个 0，真是不太方便。

为浩瀚的宇宙寻找一个适合的度量单位显得太有必要啦！为此，天文学家定义了一个新单位——光年。因光在真空中的速度保持不变，每秒为 30 万千米，所以它在一年时间里行进的距

离也不变。顾名思义，光年就是指光在真空中行进一年的距离。

光年，就这样作为一把尺子来测量恒星之间的距离。一光年约为 9.5 万亿千米。

“时间机器”中的宇宙

从望远镜中观察到的宇宙，可不是宇宙这一时刻的景象。我们从望远镜中看到的宇宙只是它过去的样子，它此刻会发生什么，我们一无所知。

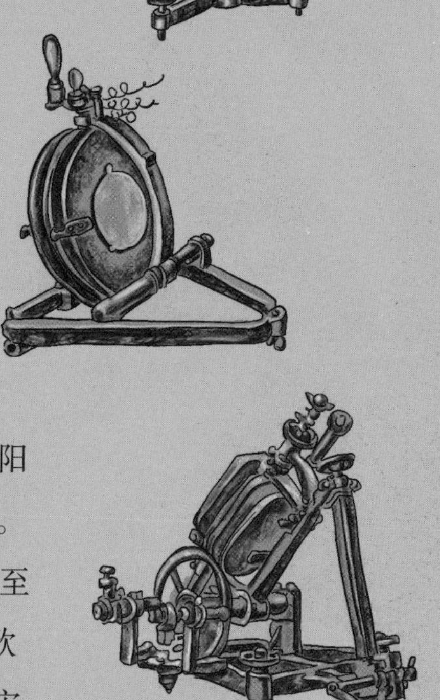

如果说望远镜是一台可以穿越的“时间机器”，将我们带到宇宙的过去，那么，我们观测的距离越遥远，宇宙景象就越古老。

光从太阳“走”到地球，只需要不到 8 分钟时间。假如我们此刻看到了太阳光，这束光早在 8 分钟之前就已经发出了。

宇宙中有太多距离我们几千万光年甚至几万亿光年的天体，当我们从望远镜中“欣赏”它们的时候，它们的光线已经在宇宙中传播了几千万年或几亿年。这意味着望远镜中的天体景象已经过去了太长时间。我们完全可以认为，一些早已在茫茫宇宙中消亡的恒星，其光线依然在宇宙中传播，只是没有到达地球。所以，天体距离我们越远，我们观测到的影像就越古老。

人的寿命只有短短几十年，与存在上千万年的恒星相比，简直“小巫见大巫”。我们不能亲眼看到一颗恒星完整的“诞生、灭亡”过程，更多的宇宙信息也无从谈起。

观察已经灭亡的星星或是距离我们超级远的星星，可以更好地帮助我们揭开天体进化、宇宙诞生之初的神秘面纱。

天文学超级巨星：埃德温·哈勃

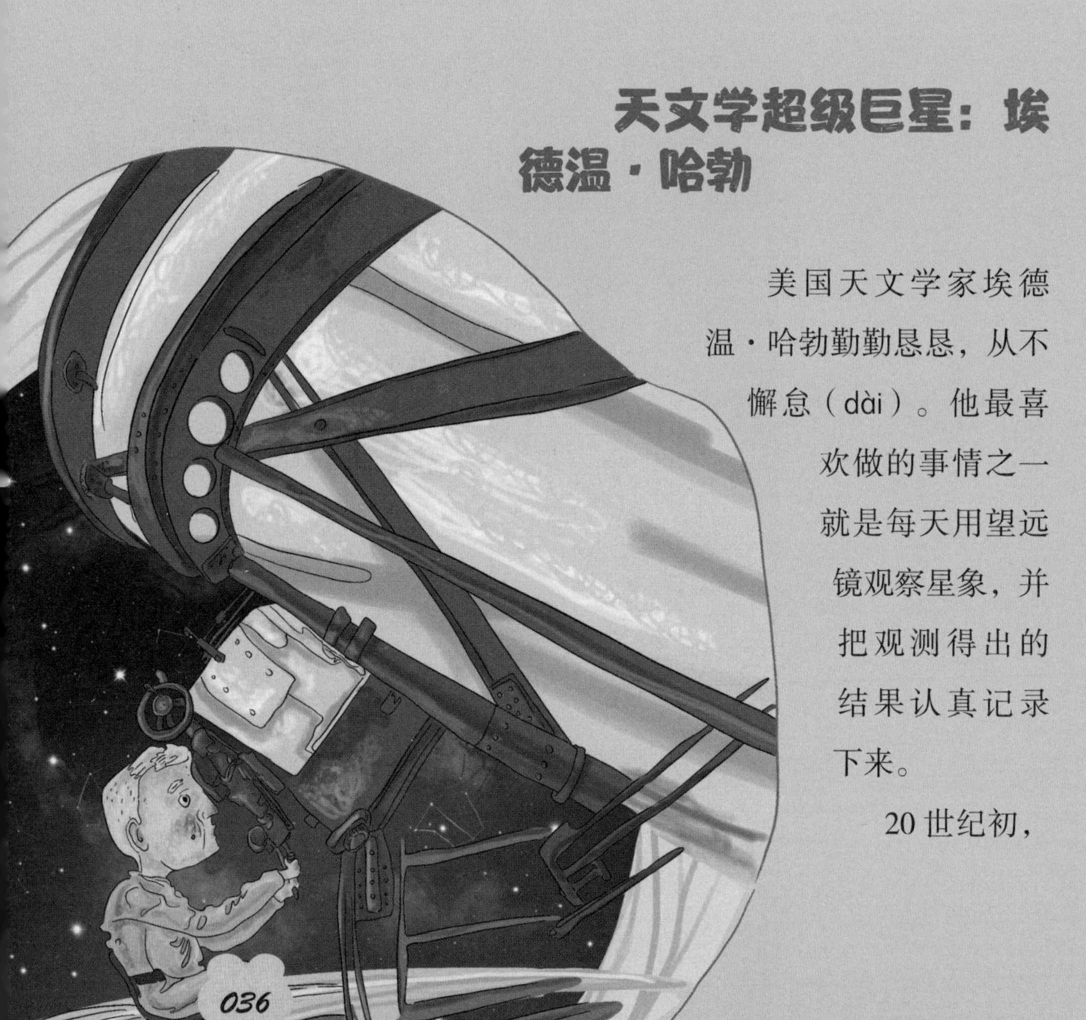

美国天文学家埃德温·哈勃勤勤恳恳，从不懈怠（dài）。他最喜欢做的事情之一就是每天用望远镜观察星象，并把观测得出的结果认真记录下来。

20 世纪初，

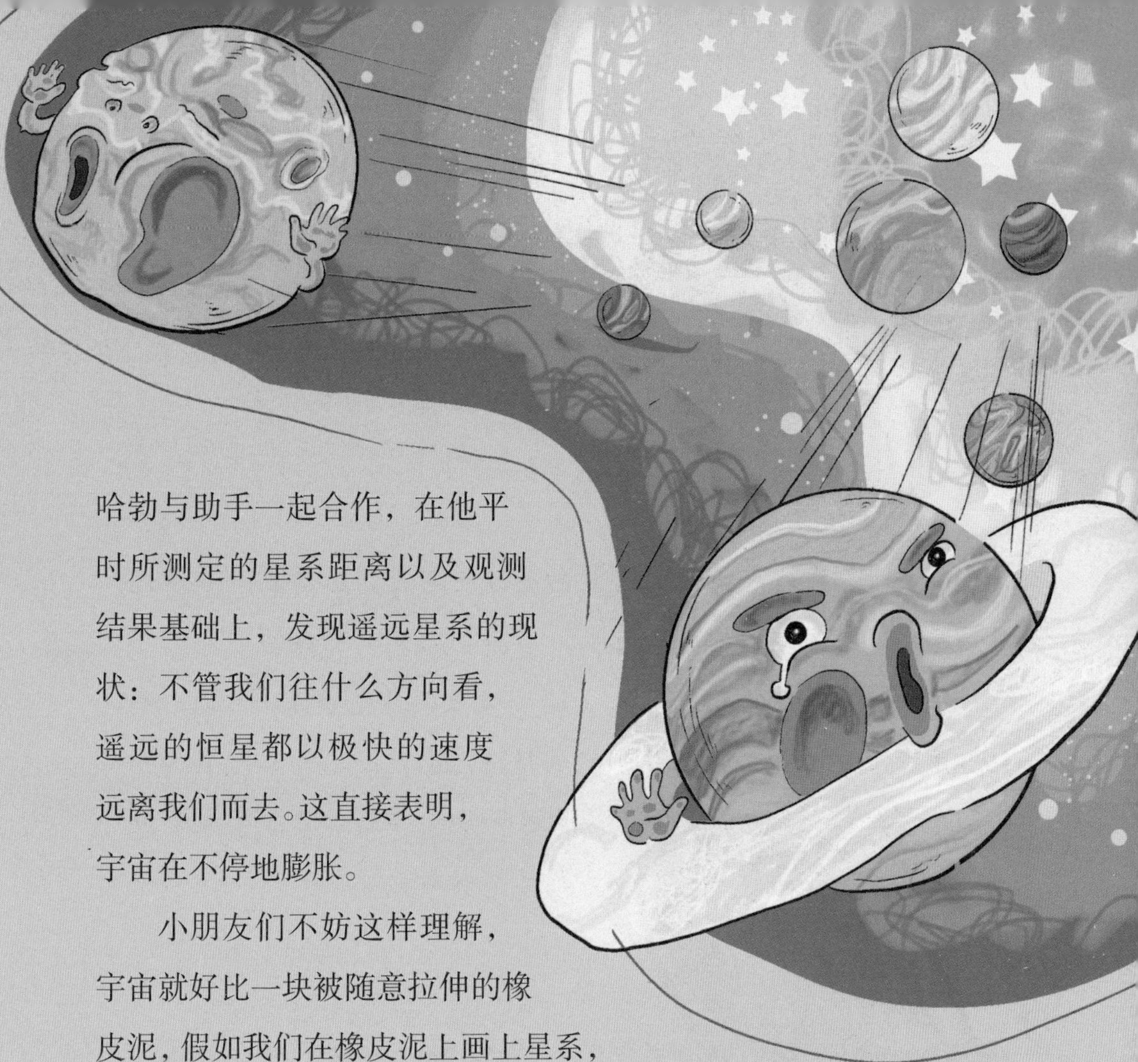

哈勃与助手一起合作，在他平时所测定的星系距离以及观测结果基础上，发现遥远星系的现状：不管我们往什么方向看，遥远的恒星都以极快的速度远离我们而去。这直接表明，宇宙在不停地膨胀。

小朋友们不妨这样理解，宇宙就好比一块被随意拉伸的橡皮泥，假如我们在橡皮泥上画上星系，那么，星系之间的距离会随着橡皮泥的拉伸而变得越来越大。又或者把宇宙想象成一个被不断吹大的气球，吹气球之前，在气球上随意画一些点，气球吹起来后开始膨胀，此刻，气球上点与点之间的距离就会越来越远。

原来，宇宙也有“迷惑”人的一面，它并不是我们平时抬头看天时看到的那样，文文静静，一成不变。哈勃认为：宇宙在膨胀。而且他还提出了“星系的退行速度与距离成正比”这一哈勃定律。

接下来，我们一起去看一看，哈勃是怎样发现这一切的。

河外星系“闯”入与哈勃定律

哈勃在对一批造父变星的亮度进行分析后得出一个结论，这些造父变星和它们所在星云与我们之间的距离远达几十万光年，而银河系的直径只有约 10 万光年，那就意味着它们一定位于银河系之外。1924 年，哈勃将这一发现公布后立即引起轩然大波，天文学家们只能重新审视自己对宇宙的看法。

宇宙“量天尺”：造父变星

在天空中可以被人们看到的大多数星星，它们的亮度基本恒定不变。不过，天上也有很多酷酷的、个性十足的星星，其亮度会随着时间推移而发生变化，我们称之为变星。在数目众多的变星中，有一类比较特殊，它们会有节奏地脉动，就像我们的心跳一样，其亮度会发生由亮变暗再由暗变亮的周期性改变，我们称之为造父变星。

造父变星比太阳亮一千倍以上，即使它与我们之间的距离再远，我们还是能看到它。它的光变周期有长有短，以5 ~ 6天最多。

天文学家发现，造父变星有一种非常奇妙的规律：变星的亮度变化与它光变的周期有一种确定关系。光变周期越长，亮度变化越明显。这个规律被称为周光关系。

根据这样的特性，造父变星的远近就很容易比较啦！假如两颗造父变星的光变周期一样，那么可以认为它们的光度相同。这也意味着，我们只要选择光变周期完全一样的造父变星，就很容易得到一大批绝对亮度完全一样的天体。

之后，在对一些不知道距离的星团、星系进行测量时，只要能观测其中的造父变星，结合周光关系就可以很好地将星团、星系之间的距离测出来。因此，造父变星被天文学家们亲切地称为宇宙“量天尺”。

河外星系“闯”入视野

为了观测更远的星系，经济飞速发展的美国接二连三地制造出世界上最先进的天文望远镜。随着望远镜口径的增大，星系的可观测范围也越来越大。

小朋友们不妨这样想象一下，如果望远镜口径增大到原口径的 2 倍，那么它所观测的距离也扩大到原来的 2 倍。

应该说,哈勃的成就与美国制造的先进的望远镜密不可分。

哈勃最早于 1923 年在威尔逊天文台用当时最大 2.5 米口径的反射望远镜拍摄下大量仙女座大星云照片。在照片中，这一星云外围的恒星清晰可辨。

为了确定到仙女座星云的距离，他找到更多仙女座星云中的新星确定平均亮度。也就是在这一时期的拍摄中，他确定出第一颗造父变星。

在之后一年的时间里，哈勃通过观测发现了 12 颗这样的造父变星。对于这些已经取得的成果，哈勃并不满足。接着，他在三角座星云M33和人马座星云NGC6822中找到了别的造父变星。根据周光关系，他确定出仙女座星云与地球之间的距离达到90万光年。

> **知识链接**
>
> 哈勃定律告诉我们“宇宙在不停膨胀”这一事实。观测者站在任何一点都会看到完全一样的膨胀情形。从任何一个星系来看，一切星系都喜欢“自以为是”，它们都是以自我为中心向四周散开。当然，越远的星系之间，彼此散开的速度也越快。

这简直让人匪夷所思。

因为银河系的直径只有10万光年，这就毫无辩驳地证明：仙女座星云是河外星系，其他两个星云更远在银河系之外。这一发现翻开了探索宇宙的新篇章。

星系“逃离”：哈勃定律的发展

在前面的内容里，我们简单了解了天文学超级巨星哈勃提出的哈勃定律。哈勃定律的出炉为宇宙膨胀说提供了重要观测证据。

在天文学上，哈勃定律的运用极其广泛，它被认为是测量遥远星系距离唯一行之有效的方法。一般情况下，只要测量得出星系谱线的红移，再算出退行速度，根据哈勃定律就能得出这一星系的距离。

遗憾的是，哈勃定律刚提出的时候，并没有得到大家的认可。因为哈勃只是对数千个星系中的 18 个进行了观测。更直接的原因是这 18 个星系并非“齐心协力”，而是全部都在远离。

哈勃和他的助手哈玛逊毫不气馁，他们一起研究距离更远、数目更多的星系，以此确定它们与地球之间的距离和退行速度。

1929 年，哈勃率先发现宇宙中的星系都在不断远离。那么，他是怎么发现这一现象的呢？任何事情的发生，都有一定的必然性和偶然性。在哈勃以前的科学界一致认为，银河系是宇宙中唯一的星系，哈勃观测星空的真正目的，就是找到更多星系。

结果，不但更多的星系被他发现，他还将其中 9 个星系的距离测算了出来。应该说，恒星的距离实在太远了，即使在望远镜中，也只能看到很小的光点。恒星怎么分类？星系之间的距离又该怎么测算？这真是太“烧脑”啦！

直到 1936 年，他们的观测结果再次证明，越远的星系逃离速度越快。

这表示，宇宙并不是像我们想象的那么安静，而是时刻都在膨胀。也就是说，不同星系之间的距离在不断增加。因此，现代宇宙学才迎来世纪大发现——宇宙在膨胀。

接近还是远离：红移和多普勒效应

虽然天文学家们发现了宇宙膨胀的证据，但并不是所有人都接受这一观点。围绕“宇宙在膨胀”这一说法，赞成派和反对派之间展开了激烈的争论。宇宙膨胀的观点到

1965 年左右得到了大部分天文学家、科学家的认可，但还是有不少天文学家对这一观点持怀疑态度。那么，还有什么办法证明星系到底是在接近我们还是在远离我们呢？

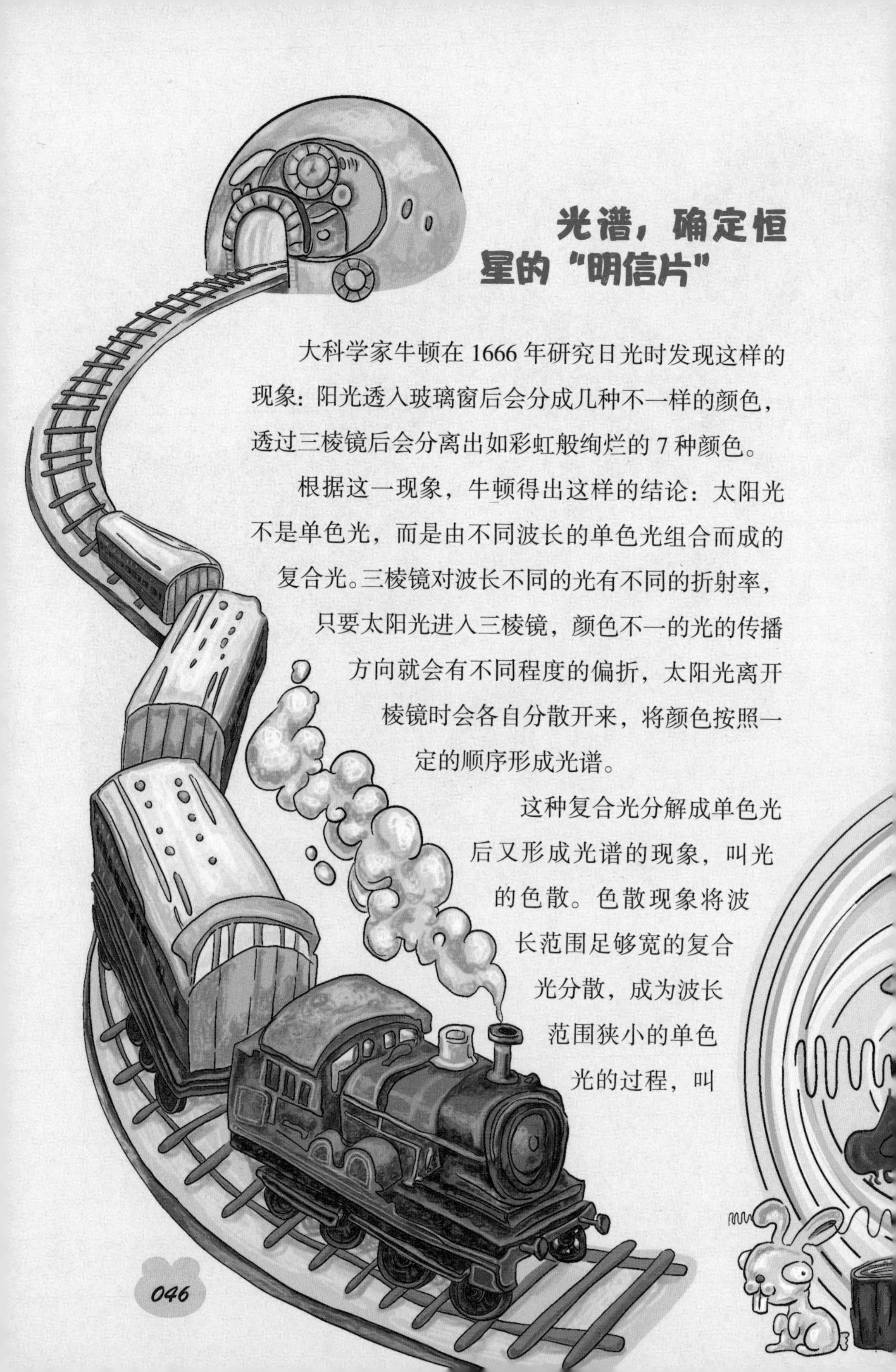

光谱，确定恒星的“明信片”

大科学家牛顿在 1666 年研究日光时发现这样的现象：阳光透入玻璃窗后会分成几种不一样的颜色，透过三棱镜后会分离出如彩虹般绚烂的 7 种颜色。

根据这一现象，牛顿得出这样的结论：太阳光不是单色光，而是由不同波长的单色光组合而成的复合光。三棱镜对波长不同的光有不同的折射率，只要太阳光进入三棱镜，颜色不一的光的传播方向就会有不同程度的偏折，太阳光离开棱镜时会各自分散开来，将颜色按照一定的顺序形成光谱。

这种复合光分解成单色光后又形成光谱的现象，叫光的色散。色散现象将波长范围足够宽的复合光分散，成为波长范围狭小的单色光的过程，叫

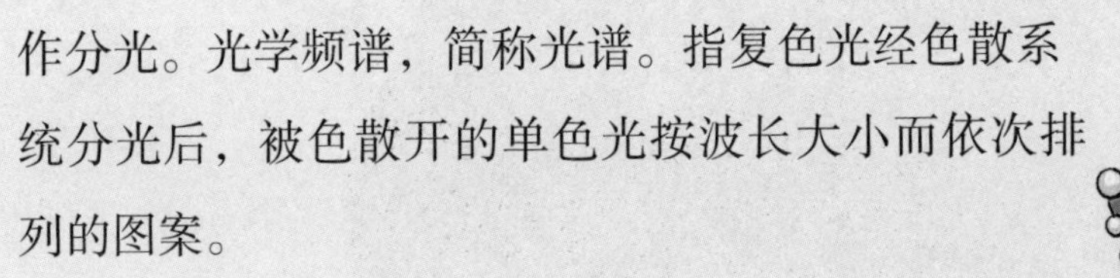

作分光。光学频谱，简称光谱。指复色光经色散系统分光后，被色散开的单色光按波长大小而依次排列的图案。

小朋友脑海里一定有个大大的“？”，光谱与星系的观测有什么关系呢？

望远镜中只能看到恒星模糊的点，但假如望远镜对准个别星系或恒星聚焦，就可以观测到星系或恒星的光谱。观察到光谱，恒星的大气构成和温度也就确定啦！

接近还是远离：多普勒效应

星系红移，说明星系正在远离我们。那么，星系都在远离我们这个结论又是如何而来的呢？要厘清红移和星系远离的关系，我们先来看看什么是多普勒效应吧！

多普勒是奥地利数学家，1842年，他有过这样一段经历：路过铁路交叉路口时，刚好一辆火车驶过，火车由近及远时，汽笛变弱，音调变低；由远及近时，汽笛变响，音调变高。他对这一现象进行研究后得知，这是因为振源和观察者之间存在相对运动，所以观察者听到的声音频率与振源频率不同，即频移现象，又叫多普勒效应。

多普勒觉得，声波会因观测者的相对运动和波源而变化，在运动波源前方时，声波似乎被“压缩”，波长变短，频率变高；在运动波源后方时，声波好像被“拉伸”，波长变长，频率变低。

当然，波源速度越高，效应越明显。

知道多普勒效应的“秘密”，星系的红移就很好理解啦！不仅声波，光波也有波动性，也具备多普勒效应。光波与声波的最大不同在于，光波频率的变化让我们感觉到颜色的变化。只要对星系光谱的颜色移动方向进行观察，就可以清楚地知道它到底是在远离我们还是接近我们。

天体远离的证据：光的红移

我们已经知道，太阳通过棱镜后，可以分离出不同颜色的可见光。在被分离的光谱中，红色和蓝色距离最为遥远，因为红光波长最长，蓝光波长最短。

光也具有波的性质。

光波的多普勒效应又称多普勒·斐索效应。这里的斐索和上面讲的多普勒可不是同一个人哦！斐索是法国物理学家。1848 年，他对来自恒星的波长偏移做了相对完美的解释，他这种办法可以很好地测量恒星的相对速度。

当一颗恒星向远离观测者的方向进行运动，那么它的光谱会向红光方向移动，这叫光的红移，这是运动中的恒星将它朝向身后发射的光

拉伸了；当这颗恒星的运动方向面向我们而来，光的谱线就会向紫光方向移动，这叫光的蓝移。

根据这一原理，我们就可以将恒星的空间运动速度计算出来。后来，天文学家们几乎都采用这种办法来计算恒星的视向速度。也可以这么理解，当天体或物体在观察者视线方向的运动速度红移越大，视向速度也越大。

哈勃一直觉得，宇宙中的星系运动杂乱无章，向红色一端移动的光谱和向蓝色一端移动的光谱一样多。

但通过观测，哈勃简直大惊失色：几乎所有的恒星都表现出红移，因为它们发出的光，波长无一例外都在变长。

这只有一个解释：宇宙在膨胀。

确定恒星的大气成分，可通过光谱分析来实现。根据光谱鉴别物质，可以很好地确定它的化学组成和相对含量。我们知道这样一个常识，每种化学元素都会吸收一组非常特殊的颜色。在恒星观测过程中，天文学家发现一些特定颜色的缺失，缺失的颜色因恒星不同而不同。如此一来，将化学元素能吸收的特殊元素和恒星光谱中缺失的颜色相比较，恒星大气中存在的元素也就一清二楚啦！

大爆炸，从密集状态开始

事实上，最早发现宇宙在变化的不是哈勃，而是比利时天文学家勒梅特。1927 年，他大胆提出现代大爆炸假说。他不仅

是发现宇宙膨胀的第一人，而且还推测：宇宙是一个致密炽热的“奇点”在一次大爆炸后膨胀形成的。“奇点”的四周没有四周，更没有空间让它占据，就像存在的一个绝妙想法，默默等待着喷薄而出。至于要等到什么时候，随着研究不断深入，更多的人赞成，宇宙大爆炸发生于138亿年前。

跨界“达人”：勒梅特

勒梅特喜欢研究不同方面的事物。17岁时，他进入天主教大学学习建筑工程；20岁时，他中断学业参加第一次世界大战，并获得棕榈奖章；战后学习数学和物理；26岁时，他因一篇数学论文荣获博士学位；三年后成为神父；成为神父的同一年，他又前往英国剑桥大学学习天文……

1927年，他发现宇宙膨胀的时候已经33岁，不过，他将这项了不起的发现发表在比利时一家没有名气的刊物上，所以并没有引起重视。

5年后，他又提出宇宙大爆炸理论。

小朋友一定会疑惑：根据宇宙在膨胀的事实为什么能得出宇宙起源于大爆炸的结论

呢？这可太奇怪啦！

勒梅特将宇宙假想成一个巨大的、放进烤箱的面包。随着温度越来越高，面包也越变越大。在过去的某一时刻，这块膨胀的面包也只不过是一块小面团。

一开始，宇宙也并没有任何物质。不过，它并不是真的一无所有，而是把所有的东西都挤压在一个无限小的点里。这个点有多小呢？简直比我们这句话要用的省略号的小点还要小上百倍、上千倍……

想象一下，空间、物质、能量以及时间全部挤在这个小点里，那得多拥挤啊！之后，这个拥挤的点开始膨胀、扩张，扩张的速度比你想象的还要快无数倍。

把这件事叫大爆炸有点不够科学，准确地说，应该这样定义此次爆炸事件：物质和能量高度密集，以宏大的规模和极快的速度向外膨胀。

这就是最初的宇宙。

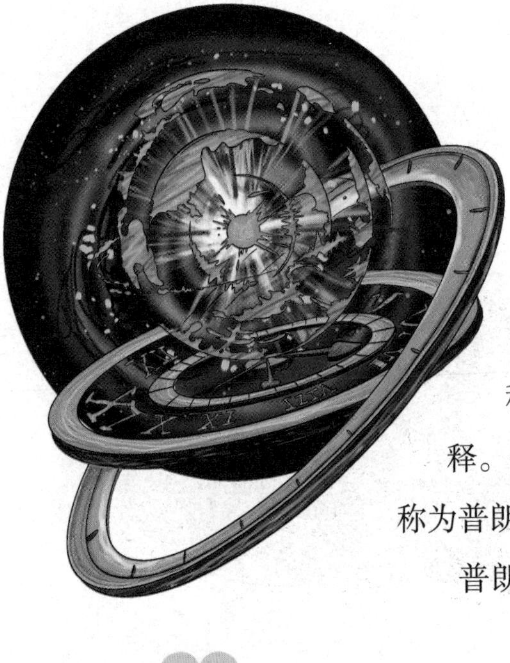

从瞬间到几秒

宇宙诞生之初到底发生了什么，科学家到现在都没有给出合理的解释。但他们将宇宙诞生的这极短的时间称为普朗克时期。

普朗克时期究竟有多短呢？有人这样形

容：你眨眼的工夫，一千亿亿亿亿亿个普朗克时期就消逝啦！普朗克时期之后，宇宙炽热得像一口沸腾的大锅，在我们无法想象的短时间内极度膨胀。

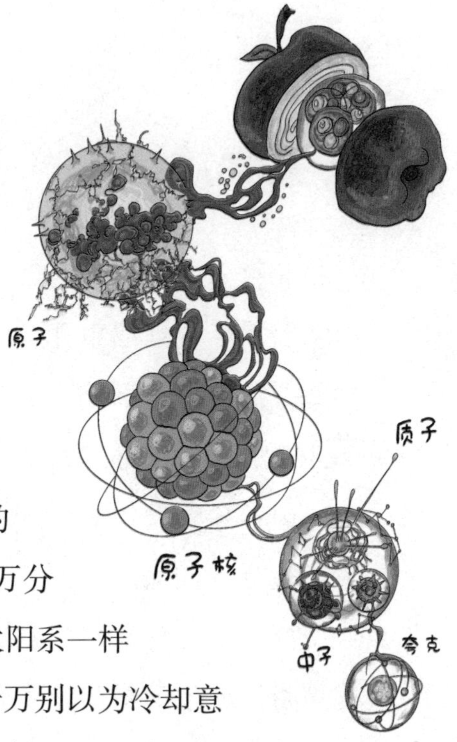

从一个原子的万分之一大小长到一个橙子大小，你绝对想象不到，宇宙只用了不到万分之一秒的时间，这简直堪称“超能力”。百万分之一秒后，宇宙已膨胀到和现在的太阳系一样大。这时，沸腾的大锅慢慢冷却。千万别以为冷却意味着没有温度，事实上，它的温度仍高达 10 万亿摄氏度。

夸张得让人吃惊的膨胀速度和高到离谱的温度，这些都不是事儿，因为那时候宇宙的各种事物都十分怪异。

宇宙里自由电子无处不在,光无法传播,所以什么都看不见。重点是，看不见不表示没有事情发生。沸腾的宇宙中，第一批粒子——夸克和反夸克诞生于最开始的百万分之一秒内。

夸克是闲不住的家伙，它迅速形成质子和中子。没听过质子和中子不要紧，原子我们再熟悉不过啦！因为，小得可怜的原子就是由质子、中子和电子构成的。1 亿个原子排列起来也仅仅一个指甲那么宽。

10 秒之后，宇宙继续膨胀，已经扩大到 100 光年宽。之后很短的时间内，它的直径已经扩大到数百万光年。

大爆炸理论的证明：诡异的“噪声”

虽然宇宙大爆炸的观点被提出来，但对于这一看法，天文学家们并没有当回事儿，因为没有直接证据证明宇宙大爆炸。在勒梅特发明“原子”这个词的 30 年后，宇宙大爆炸一事才因一件极富戏剧性的事情被大家接受。

1964 年，贝尔实验室设计了一台灵敏度超高的微波探测器。为了检测它的噪声性能，工程师罗伯特·威尔逊和阿诺·彭齐亚斯竟出乎意料地接收到比预期更大的噪声。一开始他们以为这是附近城市的噪声，当他们把天线对准纽约后，没有发生任何异常情况。

他们以为是机器出了故障，便将所有设备和线路都检查了一遍，还是一无所获。甚至，他们还将住在探测器里的一对鸽子轰走，将鸽子留下的便便清理得干干净净。

可是，噪声依然嗡嗡作响，源源不绝，而且似乎来自太空中的某个方向。他们意识到，这个诡异的噪声来自宇宙，可它究竟是什么，两人不得而知。

与此同时，美国物理学家詹姆士·皮帕尔斯和鲍勃·狄克也对宇宙微波有浓厚兴趣。他们试图找到一种微波，证明早期宇宙是非常密集炽热的，会发出白热的光芒。这种光芒经过遥远的距离到达地球，已经变成一种微波辐（fú）射。

当前两位工程师听说这件事后，猛然意识到诡异的噪声就是宇宙微波。他们赶紧“高调”宣称，宇宙微波辐射已经被找到。

这一发现，很好地证实了宇宙的起源符合大爆炸理论，但仍有很多谜团有待解开，如我们是在宇宙的中心吗？

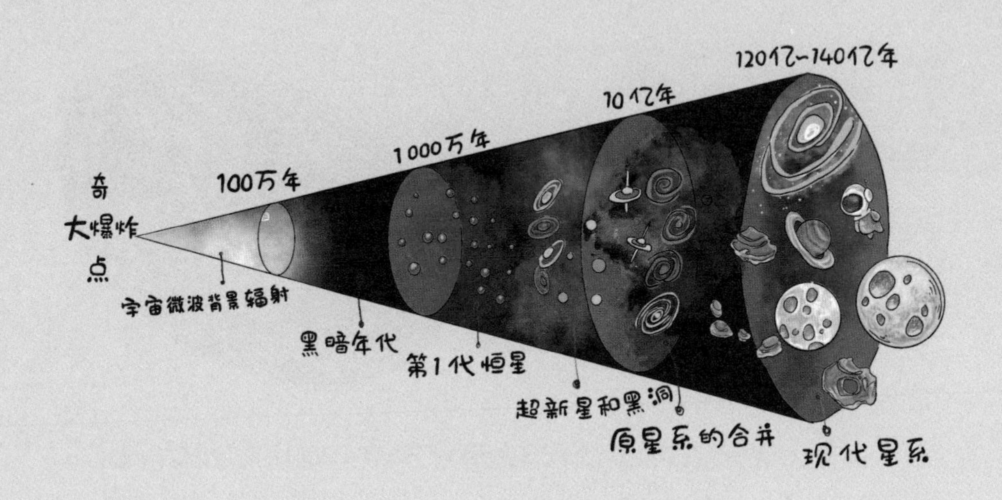

宇宙空间膨胀的正确解读

“宇宙从任何方向看起来都一样”的所有证据似乎都告诉我们，宇宙的位置有点“特殊”。哈勃定律和弗里德曼模型都为我们描述了宇宙膨胀、星系远离的景象，这一切都说明，我们必须位于宇宙中心。可我们是不是真的处于宇宙中心呢？空间又是怎么膨胀的呢？宇宙会一直不停地膨胀下去吗？

宇宙的“特殊”位置

现在我们都知道，宇宙经历了一次大爆炸。在大爆炸发生的 38 万年之后，宇宙温度下降，电子和原子核结合成原子。电子的减少将宇宙热平衡状态打破，因此产生宇宙微波背景辐射。

作为大爆炸“遗留”，宇宙微波背景辐射给大爆炸理论提供了重要证据，它的发现也为我们描述宇宙提供了重大参考。

其实，俄国宇宙学家弗里德曼早在哈勃提出哈勃定律之前就开始研究非静态宇宙。他对宇宙做了这样两个假设：不管我们从哪个地方、哪个方向观察宇宙，它看起来都一样。彭齐亚斯和威尔逊宇宙微波背景辐射的发现很好地证明了他的假设。

在弗里德曼的基础上，哈勃的观测证明所有星系都在离我们而去。这一切是不是就意味着我们一定在宇宙的中心呢？

怎么真正理解空间膨胀呢?

当我们发现宇宙膨胀时，曾把宇宙想象成一个画上许多点的、不断吹大的气球，随着气球越吹越大，那么气球上任意两个点之间的距离也会越来越大。可是，这并不代表哪一个点可以自认为是膨胀的中心。

当然,点与点之间的距离越远,它们相互离开的速度也越快。我们并没有亲眼看到宇宙空间膨胀，所以，更多人将它理解成星系扩大。

这是极不正确的!

空间膨胀是星系之间距离的增大，而不是各个星系规模的扩大。空间膨胀并不会令星系大小产生丝毫变化，各恒星之间的距离也不会因为宇宙膨胀而有所改变。星系中数目众多的恒

星在膨胀过程中相互产生的引力互相抵消，所以星系会保持原有的形态。

有趣的是，哈勃定律并不能适用所有地方。这表示，并不是所有星系都在离我们远去。仙女座星系和银河系就以每秒200千米的速度互相靠近。在很多星系比较集中的地方，星系之间引力会起更大作用，所以导致星系之间互相靠近的速度远大于宇宙膨胀的速度，从而产生星系靠近现象。

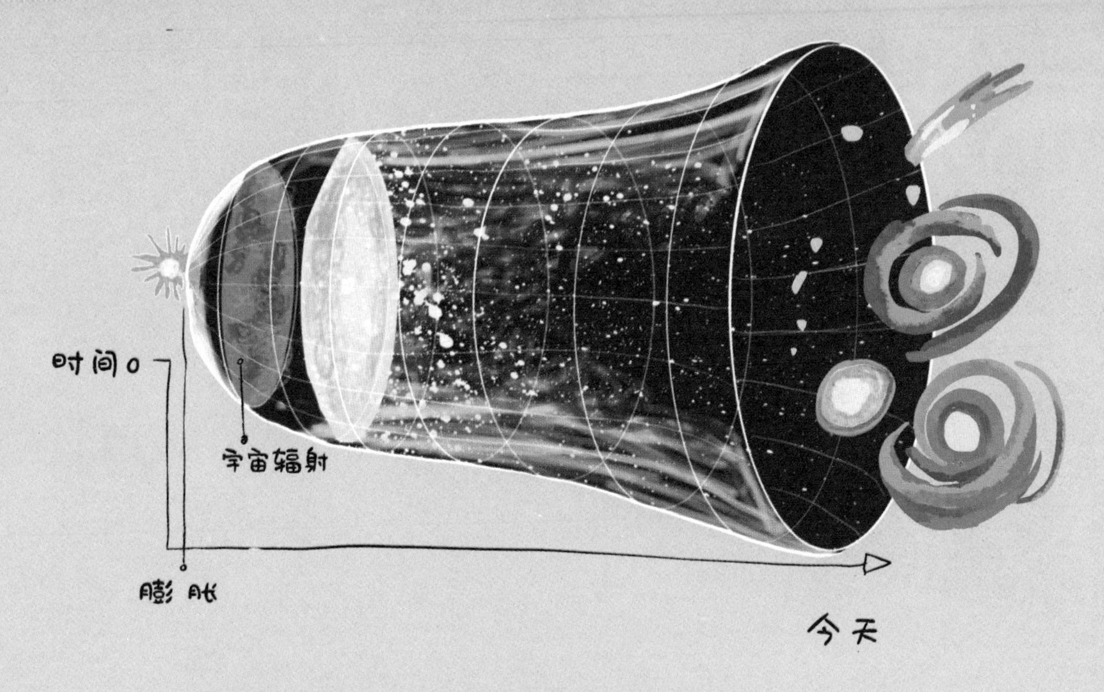

宇宙真的会永远膨胀吗？

1922年，弗里德曼建立标准宇宙学模型，又称为弗里德曼宇宙模型。这个模型主要告诉我们：宇宙在膨胀，由此将可能产生两种结果，一种是宇宙会无限膨胀；另一种是当宇宙膨胀到最大限度后，又开始收缩，直到最后所有的星系又重新挤在一起。

为了更好地描述这一模型，弗里德曼特意引入“宇宙平均物质密度”这一参量。假如宇宙平均物质密度比临界密度小，物质引力不够大，宇宙将会无限膨胀，直到星系以恒稳的速度相互离开；假如宇宙平均物质密度与临界密度一样，宇宙将不会坍（tān）塌，星系分开的速度越来越慢，接近于零，但又永远不为零；当宇宙平均物质密度比临界密度大，膨胀变为收缩。

可是，我们的宇宙究竟处于哪种状态呢？

即使发展到现在，我们也仅仅知道，宇宙现在正以每10亿年5%～10%的速度膨胀着。到今天，就算我们把银河系以及其他星系中所有能看到的恒星质量都相加，并对膨胀率取最低估计值，宇宙质量仍然远远不及阻止宇宙膨胀所需质量的1%。

这简直是天壤之别啊！

不过，这并不代表就是最终结果，因为关于宇宙质量，实在存在太多神秘物质，这也吸引着我们继续探索。

知识链接

和我们相距越远的星系，退行速度越快。当星系的速度达到每秒30万千米的时候，即使这个星系发出的光再亮，我们也无法察觉它的存在，更别妄想观测它啦！因为，当星系的退行速度大于或等于光传播速度的时候，它发出的光线将无法抵达地球。我们也可以这样理解，以秒速30万千米远离的星系所在之地，就是我们能看见的宇宙尽头。

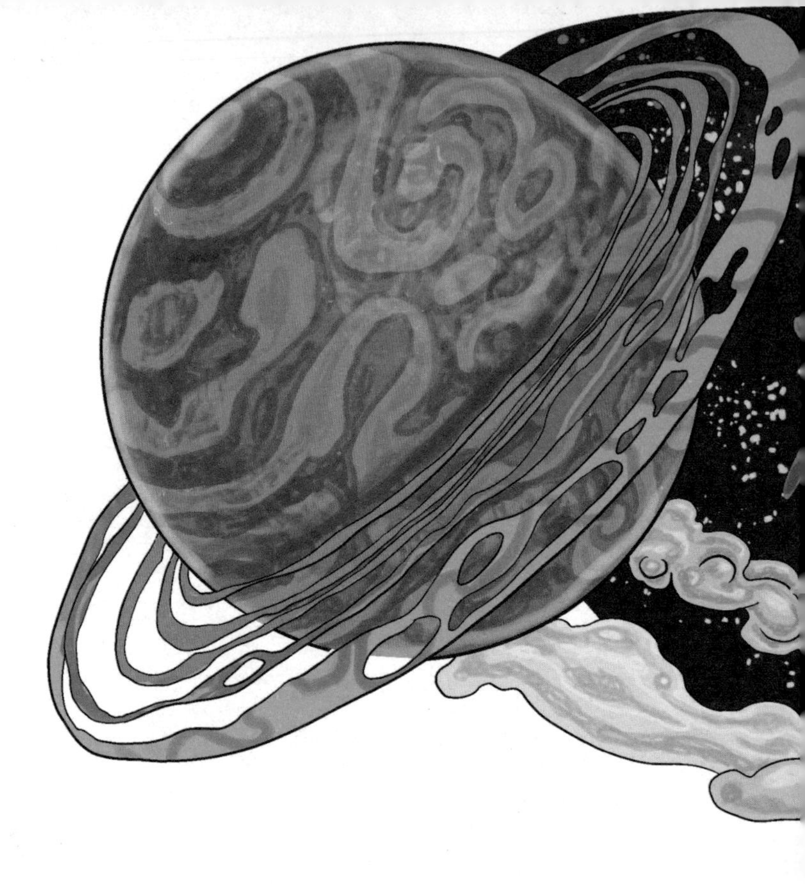

看不见的神秘物质：暗物质

如果问小朋友们一个问题，宇宙是由什么物质组成的呢？你可能会这么回答：宇宙是由天空中璀璨闪烁的星星组成的。这个答案可不是完全正确呢！当我们抬头仰望夜空，好像除了月亮和星星什么也看不到，但就是这个看起来“空荡荡”的宇宙却包罗万象，即使现在伟大的天文学家们能够看到太空的种种奇观，并对其赞不绝口，也依然不能看清它的全貌……

普通物质与反物质

宇宙中有数以千计的和太阳一样的恒星存在，不过，它们的密度、大小却各不相同，有超巨星、中子星、造父变星、新星、超新星等。这些恒星时而两两相聚，时而三五成群，之后又组成星系、星系团。

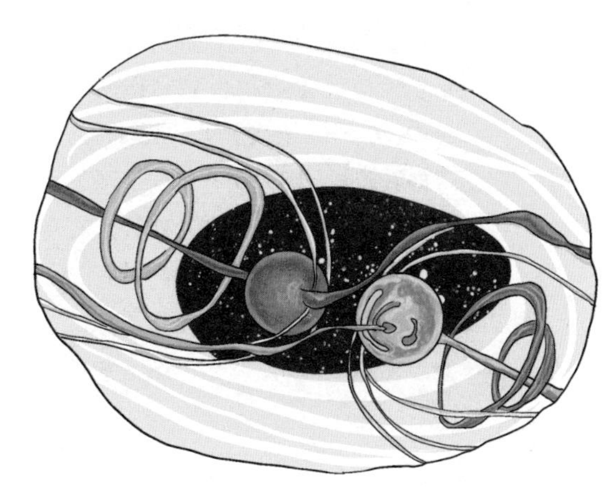

那些星际气体和尘埃以弥漫的形式存在，形状不一

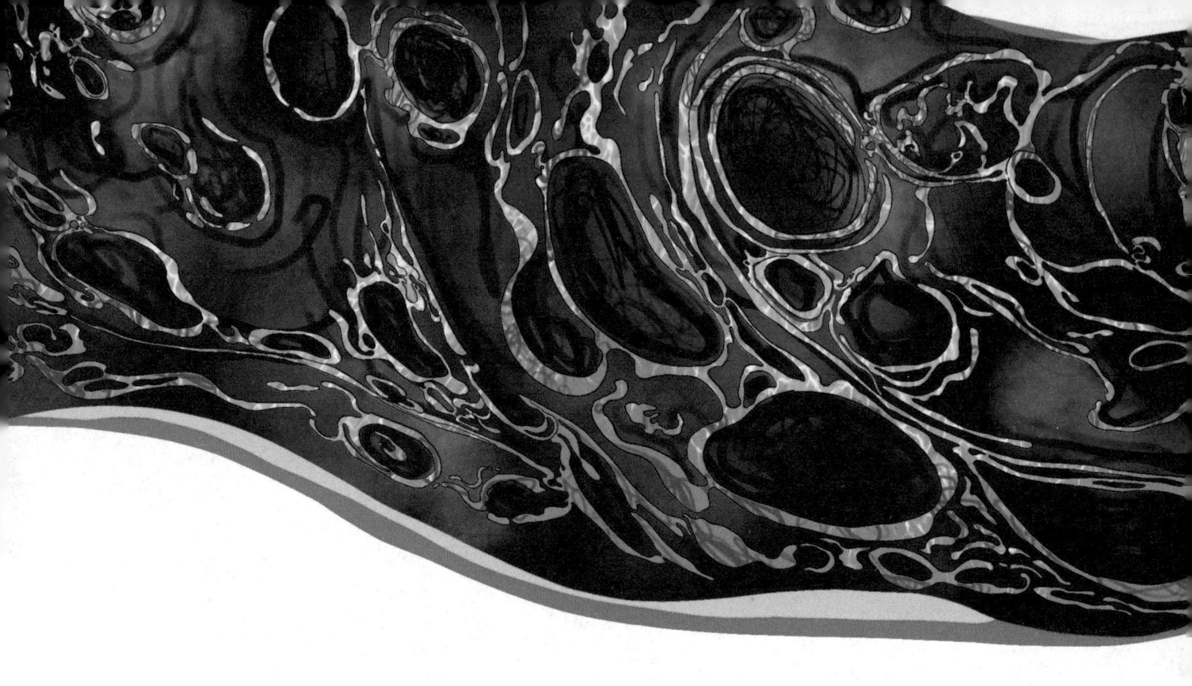

的星云就是在这种高度密集状态下形成的。除了星云、能发出可见光的恒星等天体，宇宙中还有红外天体、X 射线源和射电源等。

在天文学家看来，这些组成恒星、行星和星系的物质，大约只占宇宙总质量的 5%，这部分物质叫普通物质。

物质大多是由质子、中子和电子组成的，后来人们发现了带正电的电子，大家猜测是不是存在一种反物质。应该说，不管什么粒子，相应的反粒子都是存在的。

带正电的电子和带负电的原子核组成

知识链接

事实上，星际空间深处有太多超出我们想象的暗物质存在，它们的总质量达到可见物质的 10 ~ 100 倍。天文学家们推测，暗物质极有可能是由一种或多种粒子物质标准模型之外的新粒子所构成的。因此，了解暗物质的更多信息，对我们研究宇宙结构的形成至关重要。

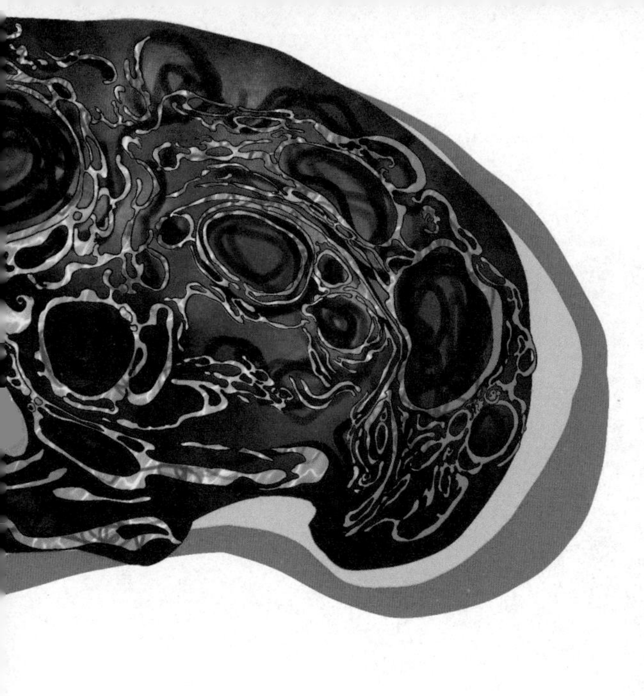

反物质原子。大量反原子一样可以构成反物质的恒星和星系。遗憾的是，宇宙中是不是存在反物质构成的恒星和星系，我们不得而知，更别提分辨清楚距离我们十分遥远的星系是由物质还是反物质构成的啦！

星系的“束缚”：扎维奇发现暗物质

如果普通物质只占宇宙总质量的5%，按这样计算，组成宇宙的剩下95%的神秘物质又是哪些呢？天文学家认为，其中25%很有可能是由尚未发现的粒子组成的暗物质，剩下的70%极有可能是让宇宙加速膨胀的力量——暗能量。

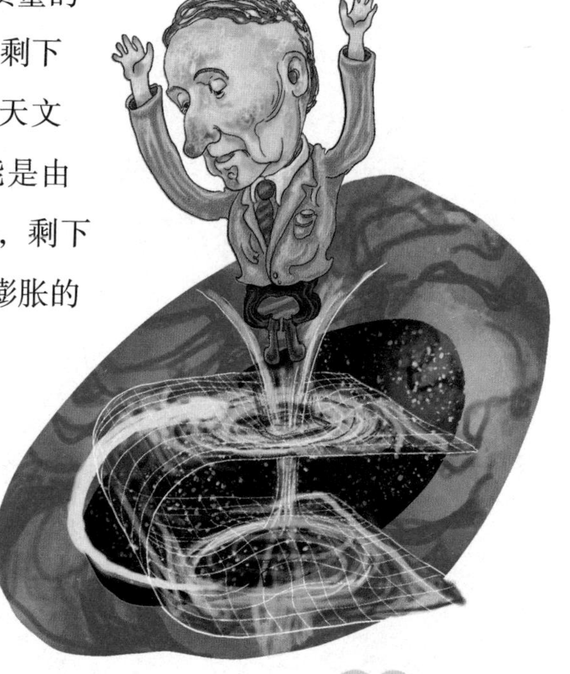

20世纪30年代，瑞士天文学家弗里兹·扎维奇率先预言暗物质的存在。那时，扎维奇正对星系团中星系

的运动表现出浓厚兴趣。一次，他对后发座方向上的后发座星系团进行天文观测。就是通过这次观测，扎维奇吃惊地发现，星系在星系团中有极高的运动速度。

如果星系团中星系的运动速度太快，按道理应该与星团脱离，飞向茫茫宇宙。不过扎维奇却发现，这一星系的运动速度远远大于该星系团可见星体总质量算出的飞出宇宙的临界速度。不妨这么理解，星系团里的星系运动太快，如果只靠我们看到的星系团物质的引力是不能将星系“束缚”住的。因此，扎维奇推断，在后发座星系团有看不见的物质，其质量为星系团恒星质量的 100 倍甚至更多。

后来，天文学家们在推断银河系的质量时，发现得到的数值远远大于望远镜发现的所有发光天体的质量总和。因此，他们命名银河系中存在的那些人类没有发现的物质为暗物质。

暗物质存在的直接证据

在宇宙学里，无法通过电磁波进行观测研究，即不与电磁力产生作用的物质称为暗物质。聪明的小朋友一定又会问，既然我们看不见暗物质，那天文学家们又是怎么发现它们的呢？

我们已经知道扎维奇发现暗物质的过程，虽然暗物质不能通过观测直接得到，但是它却很“调皮”，能对星体发出的光波或引力进行干扰，所以天文学家们能明显地感觉到它的存在。

2006 年，当天文学家们用钱德拉 X 射线望远镜对一星系团进行观测时，意外观测到星系猛烈的碰撞过程，以至于其中的暗物质与正常物质产生分离，这成为天文学家们证明暗物质存在的直接证据。

有天文学家认为，宇宙正加速膨胀，导致膨胀的“幕后操纵者”极有可能是暗能量。暗能量虽不可见，但能推动宇宙运动，几乎所有恒星、行星的运动都由万有引力和暗能量推动。在宇宙标准模型中，暗能量占宇宙质能的 73%。

在宇宙学中，最具挑战性的课题莫过于暗物质和暗能量啦！它们共同占据宇宙物质含量的 90%甚至更多。随着科技的进步，相信弄清“它们是什么”和“它们究竟是由什么构成”这一难题将迎刃而解。

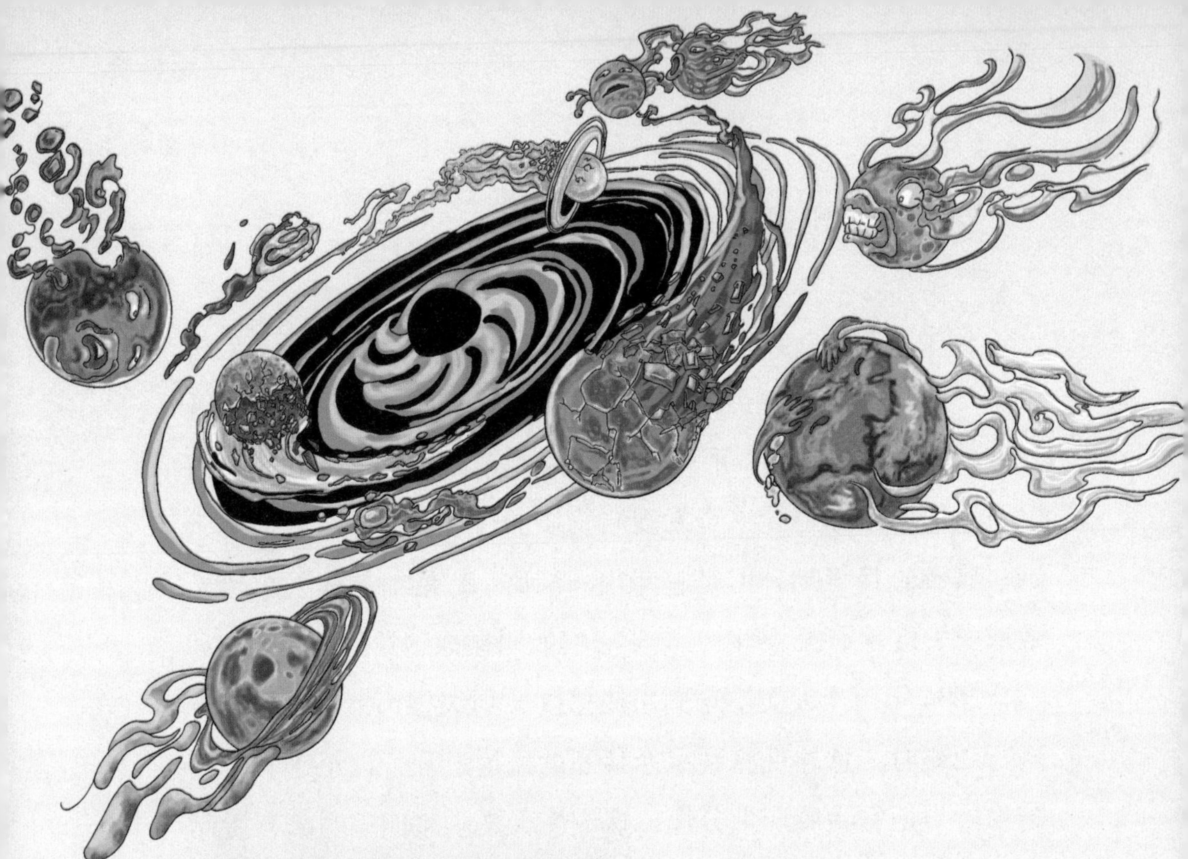

宇宙的终结：
热寂说和大坍塌

我们说，宇宙开始于大爆炸，那么，宇宙面临的最终命运又是什么呢？它究竟是一直膨胀呢，还是在某一时间里停止膨胀从而转为收缩呢？对于宇宙的终结，最广为人知的是热寂说和大坍塌；很多人也十

分好奇，大爆炸发生之后的事情我们知道了，那大爆炸之前又发生了什么？时间是不是也有一个开端呢？……

开放宇宙与闭合宇宙

宇宙诞生后不停膨胀，同时，万有引力对膨胀过程中的物质进行牵制。当宇宙总质量比某一特定数值大，宇宙将因为自身引力的作用而收缩，从而形成“大坍塌”。毫无疑问，这时的宇宙是闭合的。当宇宙总质量比这一数值小，其引力远远不够阻止膨胀，那么宇宙将不停膨胀，这时的宇宙是开放的。

小朋友们或许有这样的经历：

当我们将一个球抛向正上方，不一会儿，球就会毫无悬念地落到地上。球向上的速度在地球引力的作用下逐渐变慢，直至落下。抛出球的速度越大，球从上升到落下的过程就越长，当然，位置也更高。

当然，想要称出宇宙的质量可就太难啦！不过宇宙开放或闭合，其质量一定接近临界质量，否则因宇宙质量过大导致引力太大，膨胀的宇宙不久就会收缩，还来不及形成恒星和星系，宇宙就死了；宇宙质量过小，宇宙就会以很快的速度膨胀，稀薄的物质也不足以聚集成恒星和星系，生命自然也不能产生。

真是太有意思啦！由此不难看出，宇宙质量太大或太小都不成立。

宇宙极端命运的两种预言

1850 年，爱尔兰物理学家威廉·汤姆森

推导出宇宙终极命运的一种假说——热寂理论。在后来提出熵（shāng）的概念和热力学第二定律之后，1867年，德国物理学家克劳修斯提出热寂说。

熵表示一种能量在空间中的分布均匀程度，能量分布越均匀，熵越大。克劳修斯将热力学第二定律运用到宇宙中，从而得出宇宙熵接近于极大值的结论。在他看来，不管什么时候，熵的总值只能增大不能减少，一旦宇宙熵达到极限，宇宙就停止变化，呈现一种永恒的死寂状态，这就是热寂。

按照开放宇宙理论，同理，宇宙物质间的万有引力不足以阻止膨胀，但却不停止对宇宙能量的消耗，因此导致宇宙逐渐衰亡。当宇宙物质全部衰亡，所有恒星也已经燃烧殆尽，宇宙将变得异常寒冷与荒凉。

万有引力的大小制约着宇宙膨胀，宇宙物质质量又决定着万有引力的大小。当宇宙物质的量比临界质量大，在万有引力的作用下，宇宙膨胀速度将变慢，并最终为零。宇宙这一从膨胀变为收缩的过程，被称为大坍塌。

宇宙在经历从膨胀到收缩的转折点后，体积开始缓慢缩小，渐渐地，收缩越来越快。当引力这种作用力以绝对优势成为“主角”，物质和空间都被粉碎一空，曾经存在的所有东西都被完全消灭，仅剩下一个时空奇点。

充满神秘色彩的“宇宙蛋”

通过大坍塌理论，我们可以认为：宇宙始于大爆炸，终结于大坍塌。因为引力的作用，在大爆炸过程中出现物质、生命和人类。但这些都只是宇宙极其漫长过程中的短暂一瞬。很多人因此有这样的疑问：既然这只是短暂一瞬，那时间有开端吗？

根据前文可知，我们了解的 3 种弗里德曼模型有这样的共同点：在过去某个时刻，相邻星系间的距离为零，在大爆炸时刻，宇宙的时空曲率和密度无限大，但实际数学是不能处理无限大的数的，弗里德曼预言宇宙存在一个点的理论是不成立的。

几乎所有科学理论体系的形成，都是在假设宇宙是平直或平滑的前提下，可在大爆炸奇点处，时空曲率无限大，在这一时刻，这些理论全部不成立。

1927 年，比利时天文学家勒梅特认为，宇宙的膨胀力若大于引力，宇宙将不停膨胀，则将来的宇宙会占用比现在宇宙更大的空间尺度。这意味着，过去宇宙占用的空间尺度比今天的宇宙占用的空间尺度更小。这样不停地往

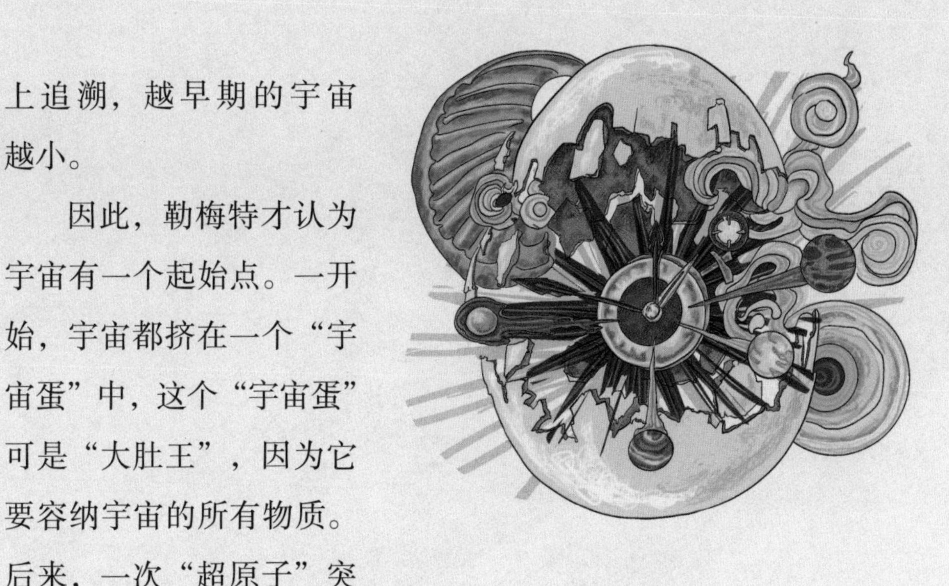

上追溯，越早期的宇宙越小。

因此，勒梅特才认为宇宙有一个起始点。一开始，宇宙都挤在一个“宇宙蛋”中，这个“宇宙蛋”可是“大肚王”，因为它要容纳宇宙的所有物质。后来，一次“超原子”突变爆炸将“宇宙蛋”炸开，经过长达几十亿年的漫长演变，才形成现在不断“逃离”的星系。

应该说，奇点充满神秘色彩，因为它的密度、时空曲率和质量都无限大，热量无限高，可体积却无限小，所有已知的物理定律在它面前全部失效。

在很多科学家的认识里，奇点作为大爆炸开始的初始点，只是一个没有大小的“几何点”，也可以理解为不实际存在的点。虽然不是实际存在的，它却蕴含着让人难以想象的能量和密度。奇点处并没有时间和空间，时间和空间都在奇点处终结。不过，既然奇点处爆炸让宇宙诞生，按照这一说法，它应该具备所有形成现在宇宙中一切物质的能量。简直无法想象，这样的能量该有多么巨大。

与大爆炸理论相对立：稳恒态宇宙模型

从弗里德曼和勒梅特的宇宙模型来看，宇宙大爆炸奇点是真实存在的。但对于时间有一个起点的说法，可不是所有人都认同。为了很好地回避这一问题，各界科学家们不遗余力，做了很多尝试。其中，最受大家追捧的莫过于稳恒态宇宙模型。那么，更接近真相的究竟是大爆炸模型还是稳恒态宇宙模型呢？

完全宇宙学原理

天文学家赫尔曼·邦迪、弗雷德·霍伊尔和托马斯·戈尔德以哈勃定律为前提，以观测到宇宙膨胀的事实为依据，于 1948 年提出“完全宇宙学原理”。

在他们看来，时空是统一的，既然如此，大尺度分布的天体不仅在空间上是均匀的和各向同性的，而且整个宇宙在不同时刻也不应该有任何变化。

小朋友们不妨这么理解，观测者不管在什么时间、什么方向观测宇宙，能看到的宇宙图像在大尺度上都是一样的，几乎看不出什么变化。这样的原理就叫完全宇宙学原理。

根据这一原理可以得出这样的结论：宇宙间的物质分布不仅在空间上是常数，在时间上也固定不变，并不会随时间变化而有所改变。

宇宙永恒不变

在完全宇宙学原理的基础上，他们又共同提出稳恒态宇宙模型。这一模型认为，随着星系之间距离越来越大，新物质会接连诞生，一些新星系会在原有星系之间的空隙中不断形成。所以，哪怕我们在不同时间、不同位置观察宇宙，其形态大致都是相同的。

按照膨胀理论，宇宙的空间膨胀在空间和时间上都很均匀，但空间膨胀会让各个星系之间的距离变大，因此分布情况也相应稀疏。在这样的情况下，要满足稳恒态宇宙模型中所说的密度不随时间而变化，就需要新星系来弥补因宇宙

膨胀而加大的空间。

这种状态从无限久远的过去开始，新物质在宇宙各处不断被创造，从而对宇宙因膨胀产生的空间进行填补，这种状态持续至今，并永不停止。

后来，稳恒态宇宙模型的“忠实粉丝”们经过计算得出新物质的创生速率，每100亿年中，1立方米的体积内就会有1个原子创生。

因稳恒态宇宙模型能得出十分明确的、可通过观测来加以检验的预言，所以它成为一种很“讨人喜欢”的理论，“粉丝”众多。

银河系之外的射电源

小朋友们已经知道，稳恒态宇宙模型之所以受到很多人的拥护，是因为它的理论可以通过观测加以证明。如，不管我们什么时候，从什么位置观测宇宙，宇宙任意给定的空间体积中被观察到的星系或同一级天体的个数都相同。

这些观点让当时的无神论者们相信，宇宙间所有事物的存在并不需要所谓的原始原子和创始时刻，这也成为他们“不相信时间有一个开端”这一说法的有力佐证。

虽然稳恒态宇宙模型得到更多人喜欢，但之后发生的事情让天文学家们明白，大爆炸模型比稳恒态宇宙模型更接近事实真相。

20世纪60年代初，英国天文学家马丁·赖尔和其他很多天文学家们在对外部空间射电波辐射源进行观测时吃惊地发现，这类射电源大都来自银河系之外，而且强源的个数明显少于弱源。

天文学家们这样解释这

一现象：因弱源距离较远，强源距离较近，所以每单位空间体积内近距离源个数比远距离源少。这也表明，我们处在宇宙中一处射电源明显少于其他区域的地方。也可以这么理解，过去射电波正传向我们时，射电源的数目明显多于现在。

不管哪一种理解，都不符合稳恒态宇宙模型的观点。之后，宇宙微波背景辐射被威尔逊和彭齐亚斯所发现，观测显示，过去的宇宙密度明显高于现在。在众多事实面前，稳恒态宇宙模型这一理论基本被否定，逐渐淡出大家的视线。

知识链接

在今天，稳恒态宇宙模型有一个变相继承者——准稳恒态宇宙论。2000年，美国人乔弗雷·伯比奇和印度人贾扬·那利卡尔认为，宇宙并不是在某一瞬间被创造出来的，而是永恒不变的。不过，它持续在温度和密度两个临界相之间摇摆。被他们这样一解释，真正实现了理论与实际观测的完美统一。

COBE卫星大发现：宇宙学的“精确研究”时代

在近代天文学上，宇宙微波背景辐射的发现具有划时代意义，它与脉冲星、类星体和星际有机分子一起，并称20世纪60年代天文学“四大发现”。当美国国家航空航天局（NASA）于1989年将宇宙背景探测卫星COBE送入太空，宇宙微波背景辐射的特征得以更全面、更精确地验证。由此，宇宙学研究开始进入“精确研究”时代。

宇宙微波背景辐射的特征

我们已经知道，彭齐亚斯和威尔逊无意中发现了大爆炸理论预言的宇宙微波背景辐射，从而获得了 1978 年诺贝尔物理学奖。

NASA 于 1989 年发射了宇宙背景探测卫星（后面统一称 COBE 卫星），精确测量出宇宙背景辐射温度为 2.725 开，宇宙背景辐射在不同方向上的确像想象的一般均匀，差异仅为十万分之一。千万别小看这一差异，因为就是这极其细微的差异将宇宙的早期形态显现出来，也让宇宙中各物质得以形成。

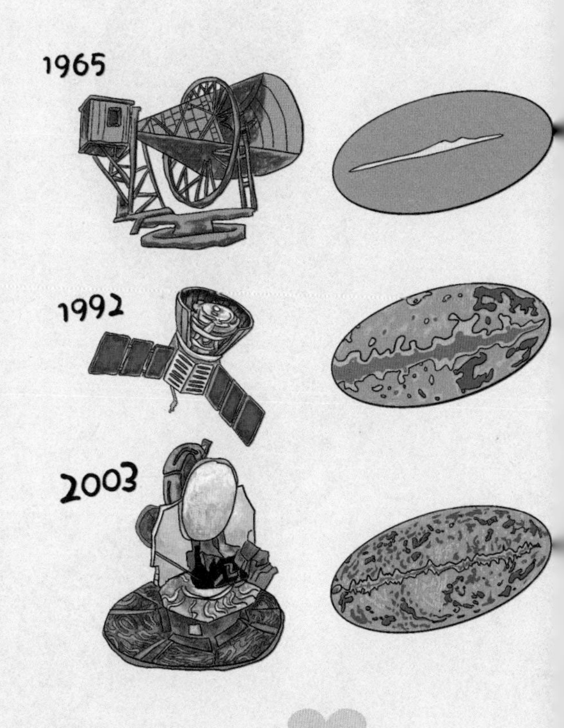

2006 年，NASA 的约翰・马瑟和伯克利加州大学的乔治・斯穆特

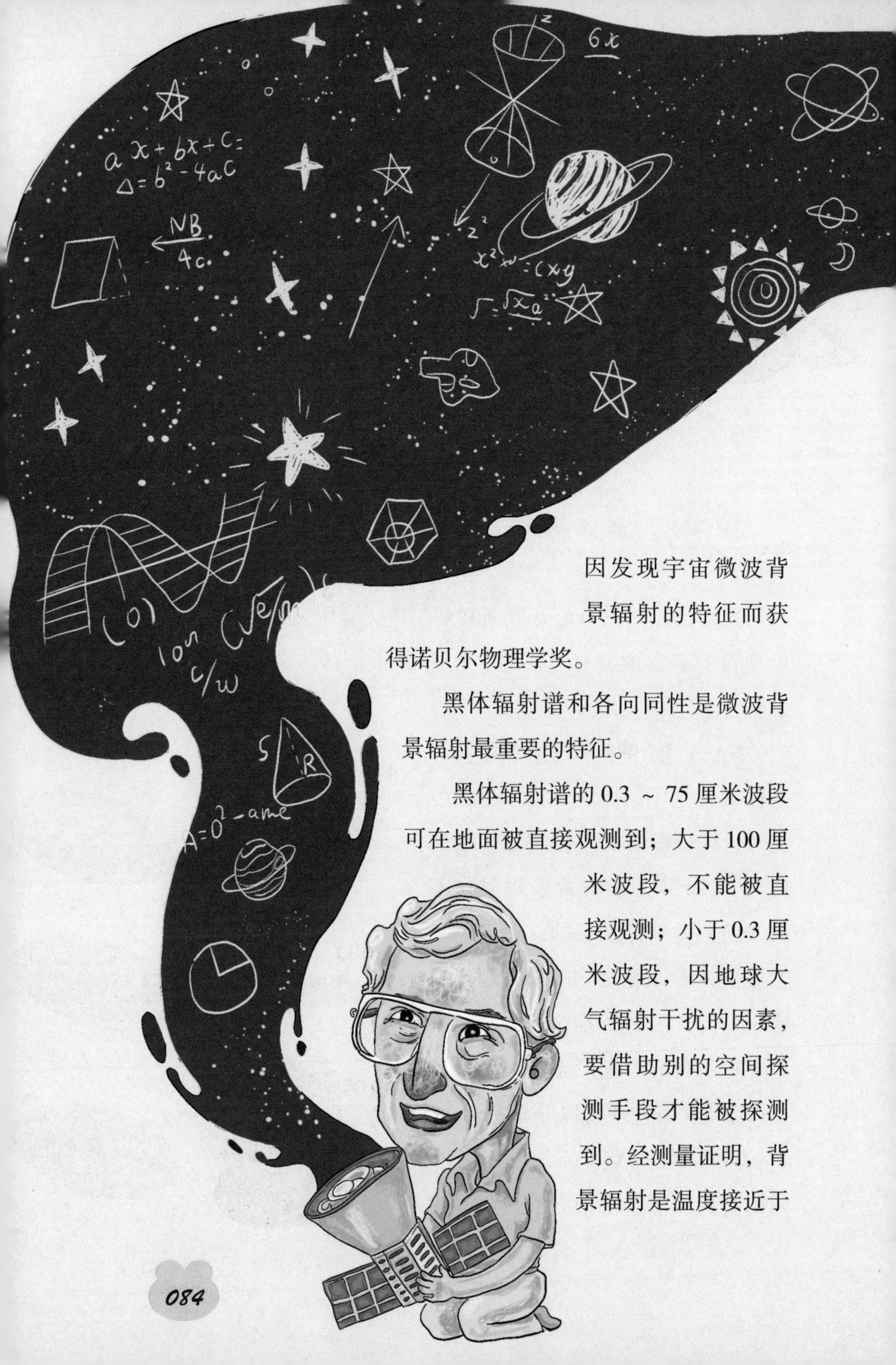

因发现宇宙微波背景辐射的特征而获得诺贝尔物理学奖。

黑体辐射谱和各向同性是微波背景辐射最重要的特征。

黑体辐射谱的 0.3 ～ 75 厘米波段可在地面被直接观测到；大于 100 厘米波段，不能被直接观测；小于 0.3 厘米波段，因地球大气辐射干扰的因素，要借助别的空间探测手段才能被探测到。经测量证明，背景辐射是温度接近于

2.725 开的黑体辐射，又称为 3K 背景辐射。

黑体谱的形成必须通过物质间的相互作用和辐射，因此，微波背景辐射一定发生在很大时空范围内。但是，现在宇宙空间物质密度极低，物质间的相互作用和辐射极小，因此，现在观测的微波背景辐射一定是在很久之前就已经形成了。

微波背景辐射的各向同性不仅是小尺度的各向同性，在几十弧分的范围，辐射起伏强度小于 0.2% ~ 0.3%，更是大尺度各向同性，不同方向辐射强度涨落都小于 0.3%。正是这一微小涨落，才导致宇宙物质分布的不均匀性，并最终形成星系团等大尺度结构。

精确验证：极其微小的温度波动

自 1989 年 11 月 COBE 卫星被送入太空后，它精确测量出宇宙微波背景辐射各波长的黑体谱形，并首次完成对各波长的测量工作。这很好地弥补了以前不能完整拼凑出黑体谱这一

缺陷。

马瑟等科学家们通过对 COBE 的测量结果进行计算发现，COBE 观测得到的宇宙微波背景辐射谱与温度为 2.725 开的黑体辐射谱十分吻合，这表示，宇宙微波背景辐射的黑体谱特征得到更精确的验证。

斯穆特负责 COBE 卫星项目中测量微波背景辐射微小的温度波动工作。1992 年 4 月，他抑制不住喜悦，向各界宣布：宇宙中有极其微弱的各向异性现象，这是 1 亿光年大小天区内热和冷的变化。与平均温度是 2.725 开的微波背景相比而言，这些区域的温度变化幅度只有百万分之六。

星系形成的“种子”：密度波动

2001 年，NASA 人造卫星——威尔金森微波各向异性探测器（WMAP）搭载德尔塔Ⅱ型火箭，在美国佛罗里达州卡纳维拉尔角的肯尼迪航天中心发射升空，作为COBE卫星的继承者，它的任务是找到宇宙微波背景辐射温度之间让人难以察觉的细微差异。

毋（wú）庸置疑，在宇宙学参量的测量方面，威尔金森微波各向异性探测器提供的数据值比以前的仪器更为精确。

2003年，它对宇宙微波背景的温度波动进行成像，同时，它还描绘出宇宙初生时密度的细微变化，就是这极其细小的密度波动，被天文学家们认为是形成星系的“种子”。

按照万有引力定律，一旦某区域的物质密度高于其他区域的物质密度，就会导致密度波动。高密度区域的质量比周围相同大小区域含有的质量大。我们已经知道，质量越大重量就越大，区域四周的重力影响也越大。如此一来，四周物体会不由自主地被吸引到高密度区域。当然，高密度区域的质量也会因此急剧增大，并最终形成天体。

星系就是在这样的情况下诞生的。

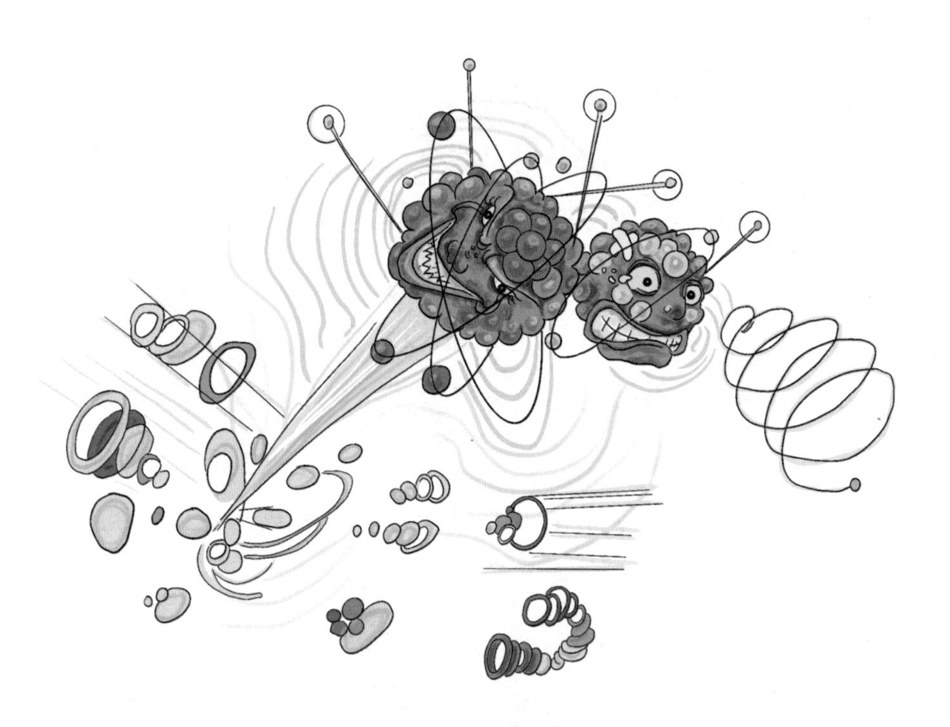

重返宇宙“婴儿时代”：星系形成的猜测

我们说，宇宙温度在3 000开以上时，光不能进行传播，因此宇宙一团漆黑。当温度降至3 000开以下时，宇宙终于变得透明。宇宙放晴前，带电粒子和光总是不能“闲”着，它们接二连三地频繁碰撞，因此导致中性原子无法生成。于是，科学家们疑窦丛生，星系形成是在宇宙放晴之后吗？暗物质在宇宙的早期结构中又扮演着什么“角色”？天体形成之初又是什么状态？……

最古老的光：宇宙放晴

我们已经知道宇宙经历过一次大爆炸，当大爆炸发生后，最初的宇宙是温度和密度都超高的均匀气体，之后，在宇宙膨胀的过程中，温度慢慢降低生成氦（hài）。这时，宇宙中所有中子都被氦原子核“牢牢封锁”，无一例外。

当宇宙温度达到 3 000 开以上时，高温带电荷的粒子运动，不停吸收光又释放光。与此同时，光与质子、电子一点也不“友好”，总是反复碰撞，它们就像一锅杂乱无比的“粒子粥”，导致光不能直线行进。

随着宇宙膨胀，温度持续降低。当宇宙温度降到 3 000 开以下时，原子核与电子不再发生冲突，它们“友好地”复合，生成氢（qīng）原子，并放出光。

这时，宇宙开始结束晦暗的迷雾状态，真是伟大的时刻呢！

因为，这时的宇宙对光来说变得透明了，所以光可以在宇宙中自由传播，当然，我们也才能观察到宇宙中最最古老的光。

这一阶段，科学家们给它起了一个好听的名字——宇宙放晴。

研究星系形成的新思路：暗物质

科学家们猜测，宇宙放晴之前，由于光与带电粒子不停地发生碰撞事故，所以无法生成中性原子，因此他们认为，在宇宙放晴之后才形成星系。

可事实真的是这样吗？

为了验证这一猜测，科学家们做了各种努力，在这一过程中，暗物质进入大家的视野，这为研究星系的形成提供了一个全新思路。

我们已经知道，暗物质超级神秘，它又酷又飒，既不吸收光线也不放射光线，所以我们认为，光和暗物质的运行没有丝毫关系。也就是说，早在宇宙放晴之前，暗物质就已经开始生成。

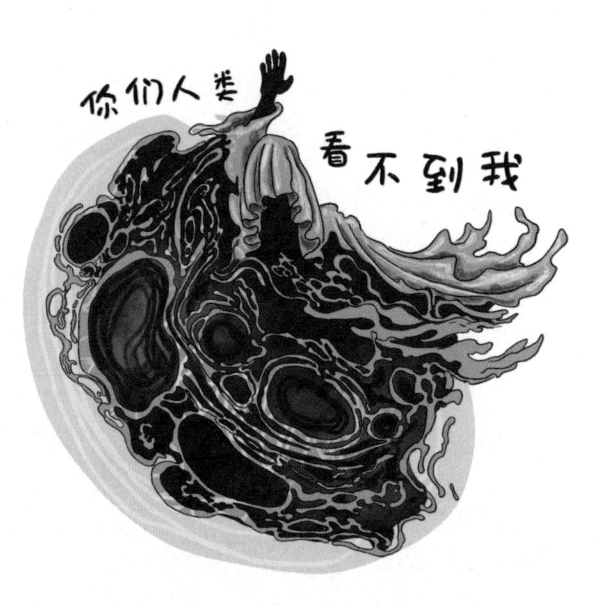

最新研究结果表明，暗物质占据早期宇宙绝大部分质量。正因为许许多多难以捕捉的暗物质粒子间的相互作用，宇宙早期结构才得以形成。有了这样的前

提，科学家们假设：暗物质在宇宙放晴之前因密度波动形成；宇宙放晴之时，除了暗物质之外，别的物质因暗物质高密度的强大引力而聚集导致星体和星系的逐渐形成。

按照这样的假设，宇宙膨胀对星系的形成完全没有影响。

知识链接

宇宙学家将暗物质分为热暗物质和冷暗物质，在计算机对早期星系形成过程的模拟中，他们发现，因热暗物质粒子的极速运动，数目众多、大小不一的星系与恒星诞生过程的大爆炸同时生成；因冷暗物质粒子移动速度极慢，一开始形成的恒星相互分离，形成超大的单个恒星。恒星越大，其生命越不长久。因此，冷暗物质形成的大恒星早已消亡，热暗物质形成的低质量恒星却十分“长寿”，活到现在。

傻傻分不清：最初天体的大小之争

我们对暗物质在天体形成过程中的作用进行了简单了解，但聪明的小朋友可能又会问，刚刚形成的天体是什么状态呢？它们是大天体还是小天体呢？

这个问题还真不好回答，因为关于天体最初大小这一问题，存在两种截然不同的说法，它们各有各的道理，“吵”到现在也没有最终定论。

对于宇宙结构的形成，有人认为，暗物质集中的区域较小，则引力也小，最初形成天体的“个头”也相应较小，我们把这看成星系大小。这种为“自下而上”理论，意思是宇宙先形成小的不规则结构，再慢慢合并成较大较规则的结构。

也有人认为，暗物质集中的区域较大，则引力较大，最初形成的天体“个头”也相应较大，我们可以把这看成大的气体状天体，如超星系团。这种为“自上而下”理论，其过程与“自下而上”刚好相反。

假如一开始形成的天体如星系般大小，在漫长的时间里，因为引力的

作用，它们聚集形成星系团，之后又慢慢形成超星系团。按照这种“自下而上”理论，一个直径数百万光年的超星系团的形成，需要的时间简直难以想象。

那如果按照“自上而下”理论，一开始形成的天体就如超星系团那么大，它从内部分裂，形成星系团。这样推算，宇宙发展到后来才会形成星系，但事实却是，我们观测到的星系可是十分古老呢！

宇宙“幽灵”：类星体的探索

顾名思义，类星体是类似恒星的天体。虽然它很像恒星却又不同于恒星，它发出的电磁波和星系十分相似可又有所不同，它的光谱像极了行星状星云却又不是星云。见它如此有“个性”，与众不同，大家便只好称呼这类星体为“类星体”。类星体就像宇宙中的神秘“幽灵”，充满未解之谜。即使我们用先进的探测手段观测到它的存在，对它的了解也不过一鳞半爪。

小体积，大能量

美国天文学家桑德奇于1960年用一台光学望远镜观测到剑桥射电源第三星表上的第48号天体，其光谱表现出的现象有点

奇怪。不过，这并没有引起他足够的重视。3 年后，美国天文学家马丁·施密特在观测 3C273 的光谱时又发现了此怪异现象。施密特下定决心要弄清楚导致这种现象的原因。经过观测发现，原来是这些天体的发射线产生了很大红移。

之后，人们便将这种和恒星很像但又绝不是恒星的天体叫作类星体。NASA 的科学家们在 2001 年发现一个距离我们 65 亿光年、由 18 个类星体组成的规模惊人的类星体星系。

大多类星体的红移值都比一般恒星大得多。据估测，类星体是目前观测到的距离我们最遥远的天体，按照哈勃定律，它们的距离在几亿甚至几十亿光年之外。

类星体之所以能被我们观测到，是因为它比正常星系要亮1 000多倍，它是宇宙中名副其实的最亮天体，并且它以光或无线电波的形式向四周发射巨大能量。

说来可真有趣。

别看类星体有大能量，它的体积却十分“迷你”。有的类星体在短短几天时间里，光度变化便十分明显，因此它们的大小最多只有几“光天”，最大也不过几光年。

大能量源头：活动星系核模型

类星体“身材”那么小，可为什么却有大能量呢？为了

解释这一现象，科学家们提出活动星系核模型这一理论。

从名字我们可以知道，活动星系有一个处于激烈活动状态的核。在体积、辐射、光变和爆发现象等很多方面，活动星系核与类星体都惊人地相似。

在天文学家们看来，类星体很可能就是某种活动星系，我们所能观测到的类星体现象其实是星系核活动。不过，一般的活动星系远远没有类星体内部活动那般剧烈。

提出活动星系核模型理论的科学家认为，类星体核心位置会出现大质量黑洞，在超大能量的辐射下，物质喷流形成，并以极高的速度向外喷出，这些喷流如果碰巧对着观测者，自然就被观测到啦！

相较于一般星系核，类星体“年轻、活力四射”，从它的红移值较大和距离遥远这两点可以推测出，现在能被我们观测到的类星体不过是它们多年前的样子罢了。

当然，一旦星系核心周围的“燃料”消耗殆尽，类星体也会逐渐“褪去光环”，变成一般的椭圆星系或旋涡星系。

恒星形成的最古老证据

迄今为止，人类观测到的最遥远的天体就是类星体。它们大都距地球百亿光年以上，甚至天文学家们还观测到一个距离地球200亿光年的类星体，假如宇宙年龄真的只有138亿年，那这颗类星体的年纪比宇宙还要大呢！

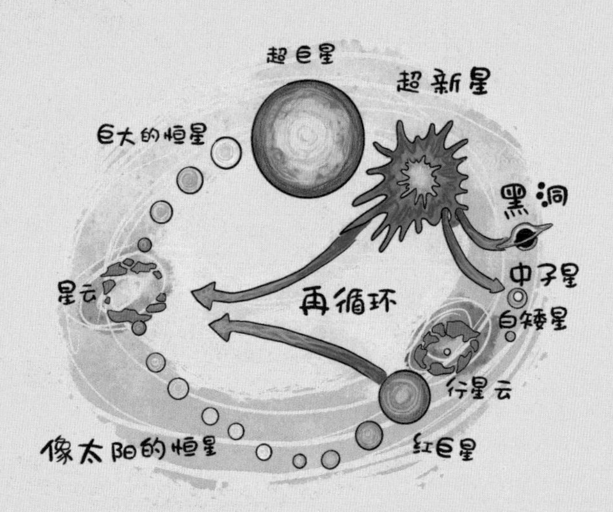

2003年7月24日，英国《自然》杂志称，科

学家们用美国新墨西哥州平原上和法国境内阿尔卑斯山上的射电望远镜，对类星体 J1148+5251 进行观测分析，惊讶地发现，这一遥远的天体发生了很大红移，据推测，它诞生于宇宙大爆炸的 8 亿年后。

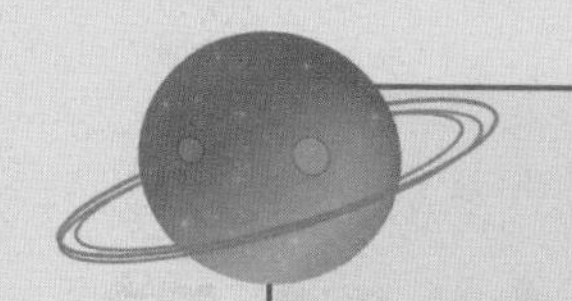

知识链接

类星体最明显的特点是，它正以极其疯狂的速度离我们远去。作为宇宙中距离我们最遥远、最明亮的天体，很有可能有的类星体本身早已“老死”了，因此，才有科学家将一些类星体的光芒称为“幽灵之光”“死亡之光”。

与此同时，科学家们还观察到这样两种现象：这一类星体有强烈的远红外辐射，在毫米波段有一氧化碳产生的辐射，而这恰好是显示恒星诞生的最古老证据。

推断恒星的存在，可以用其所含一氧化碳杂质来判断。一氧化碳高效地辐射热量，才能被我们观察到。恒星的形成会让四周的星际尘埃变得更热，从而产生远红外辐射。

那这是不是表示，恒星诞生于类星体内呢?

有的科学家认为，类星体与星系的形成有很大关系。如按照我们前面介绍的“自上而下”的星系形成过程，早先大质量的恒星将新一代恒星抛出，在强烈的爆炸过程中，产生强辐射和大能量，类星体刚好有这样的特点。

也有科学家认为，星系演化到最后阶段的代表就是类星体，星系中心区域恒星密度极高，小质量恒星和大质量恒星分开后，各自有不同的“归宿”。大质量恒星落入中心区，它们相互碰撞、合并、压缩后，大量恒星生成。

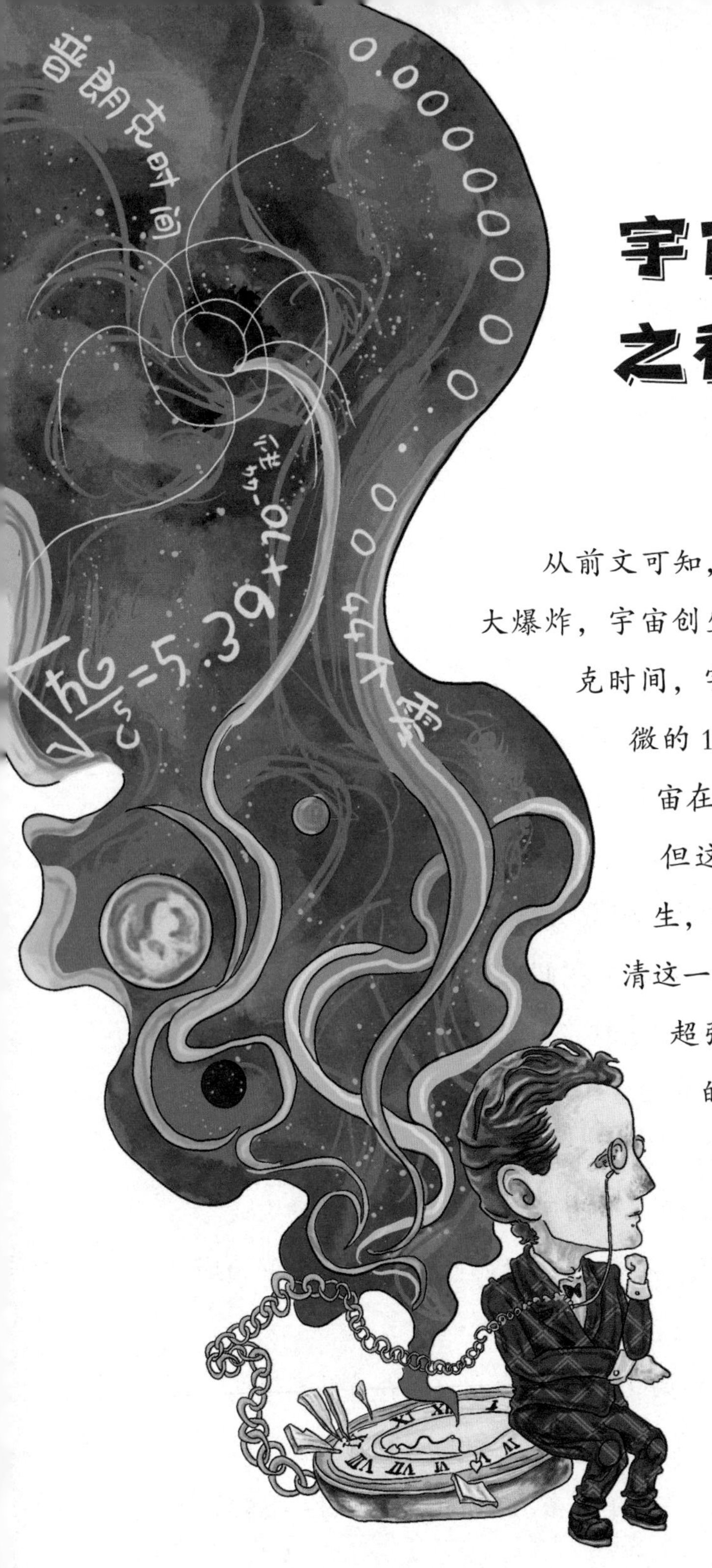

宇宙形成之初的谜团

从前文可知，宇宙的形成源于一次大爆炸，宇宙创生的最短时间就是普朗克时间，宇宙就诞生于这微乎其微的 10^{-44} 秒中。虽然知道宇宙在普朗克时间里被创造，但这段时间有什么事情发生，我们不得而知。为了弄清这一问题，超弦理论被提出。超弦理论认为，我们生活的时空不再是四维，而是十维甚至更多……总之，有关宇宙形成之初有太多谜团等待我们揭开。

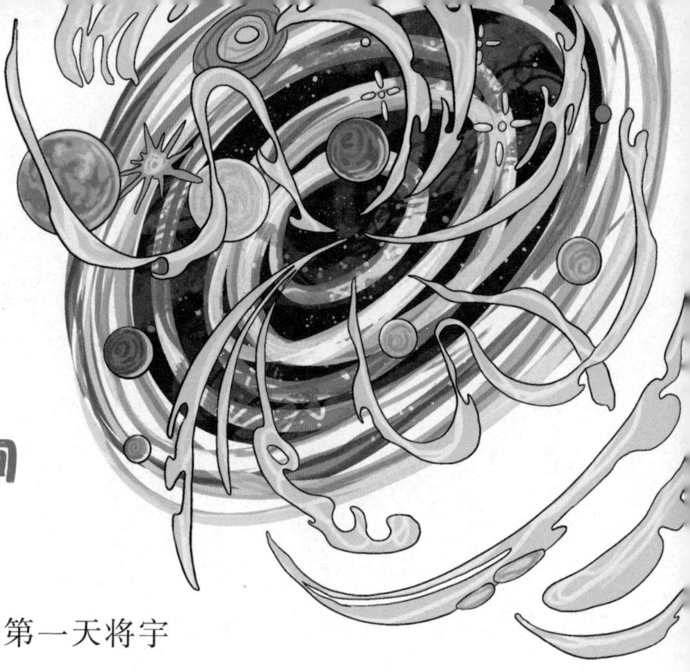

时间的最小间隔：普朗克时间

《圣经》上说，神在第一天将宇宙创造出来，其实，宇宙的诞生根本不需要一天时间，在这么微小的普朗克时间里，宇宙就诞生了。

前面我们简单了解了宇宙诞生于极短的普朗克时间，那么普朗克时间究竟是怎么回事呢？

德国著名物理学家马克斯·普朗克于1900年发现，能量可分为不可再分割的单位，并将其命名为“量子”。这一发现也成为量子力学诞生的标志。

将普朗克量子和光速以及其他常数结合，就可得出最短时间单位和最短距离单位。普朗克时间为 10^{-44} 秒，普朗克长度为 10^{-35} 米。

在对宇宙起源进行研究时，普朗克时间意味着大爆炸之后只能计算到 10^{-44} 秒。这一时间真是太短了，短到我们根本无法感觉到它的存在，再没有比普朗克时间更短的时间存在啦！

时间来自大爆炸理论，宇宙在奇点被创造出来，更确切地说，宇宙在大爆炸后的普朗克时间被创造出来。这表示，宇宙在 $0 \sim 10^{-44}$ 秒内诞生。当然，这里的宇宙包括空间、时间和一切物质的总和。

宇宙诞生的时间问题我们弄清楚了，可是在普朗克时间里，究竟有什么事情发生呢？之后，天文学家们提出“超弦理论”。

奇奇怪怪宇宙弦

1981年，美国物理学家维伦金等人认为，大爆炸产生的巨大威力会形成能量高度聚集的千千万万个细长的管子，这种管子就是宇宙弦。

宇宙弦类似蛛丝，但它比原子还细，然而即使一整座喜马拉雅山的质量也没有1厘米宇宙弦的质量大。宇宙弦的张力决定其质量大小，宇宙弦越长绷得越紧，其强度和质量也越大。宇宙弦附近的天体、宇宙膨胀都和它的活动息息相关。

也就是说，宇宙弦作为高密度的能量线，纤细无比，但异常重。它的大小连质子的一百亿分之一都不到，即使用最精密的仪器我们也观察不到。

这么小的宇宙弦，却如弹簧般弹力十足。据估测，它形成于宇宙早期，

在宇宙膨胀过程中伸展。如此之细的一根宇宙弦就可贯穿我们能观察到的整个宇宙尺度。

宇宙弦因为有很大的密度，所以引力极强。一根有两个端点的有限弦会因极速收缩形成一个点而消失，所以宇宙中有伸展到无穷远处的直弦和闭合的环形弦两种。

根据天文学家测算，宇宙中大约有 20%的环形宇宙弦，其他弦横越整个宇宙。提出超弦理论的科学家们认为，在普朗克时间里不存在空间和时间，只有弦的产生和消失。

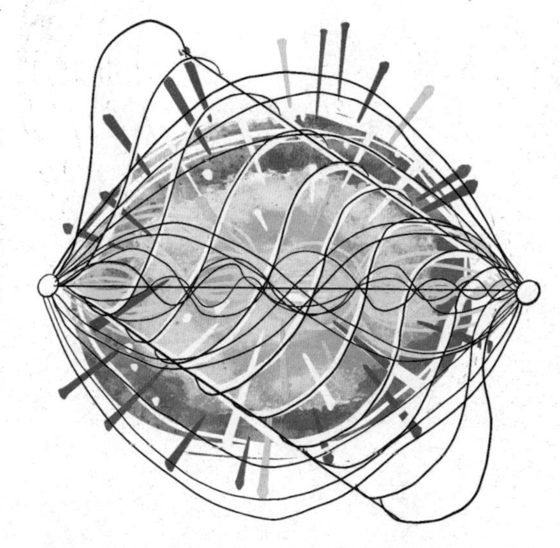

除此之外，宇宙弦有超多种振动方式，不同振动方式可看成种类不同的夸克和电子。在直弦和环形弦网中，伸展到无穷远处的直弦不吸引物质，只有闭合的环形弦才能将四周物质吸引过来，从而形成各种天体结构。

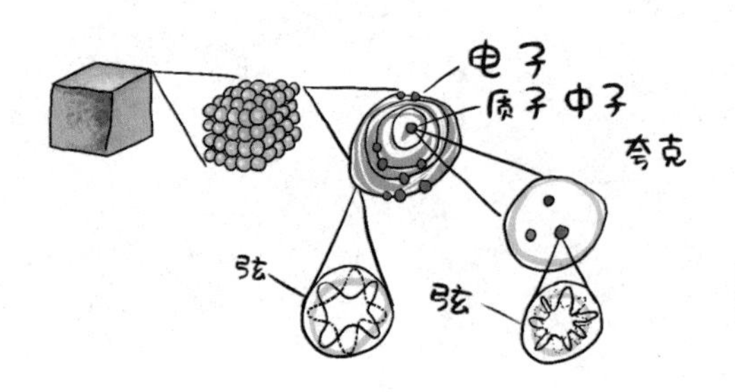

漂浮的"肥皂泡"：膜宇宙论

超弦理论虽影响深远，但它对时空维数的要求不再是四维，而是十维。通常，我们所说的时空一般是时间一维、空间三维的四维时空，但超弦理论将宇宙描绘成一幅十维时空图景，我们能直接看见的茫茫宇宙仅是十维时空中的一个四维超曲面，像极了薄薄的一层膜，而我们就在这一层膜上生存繁衍。

这就是膜宇宙理论。

1995—1996 年，美国的爱德华·威顿又提出一种新理论——十一维时空，这就是引起轩然大波的"第二次超弦革命"。

新的超弦理论认为，不仅有宇宙弦，还有三维广度膜等多种维数膜。如果这些不同维数的膜能同时存在，那么时空极有可能是十一维的。

其实，不管十维时空，还是十一维时空，除了引力之外，三维膜空间内所有力都被牢牢封锁，我们生活在三维空间这一层膜上，它就像一个梦幻的肥皂泡，漂浮在六维、七维甚至更多维的世界中。

知识链接

马克斯·普朗克是德国著名物理学家，量子力学的开创者和奠基人，因发现能量量子化，1918年荣获诺贝尔物理学奖。他最伟大的成就就是创立量子理论，结束了经典物理学一统天下的局面。普朗克和爱因斯坦并称20世纪最伟大的两位物理学家。鲜为人知的是，普朗克多才多艺，极具音乐天赋。不过，他并没有将音乐作为终身事业，而是决定学习物理。当慕尼黑物理学教授以“物理学已经过时”为由劝说他放弃时，普朗克回答：“我并不期望发现新大陆，只希望理解已经存在的物理学基础，或将其加深。”

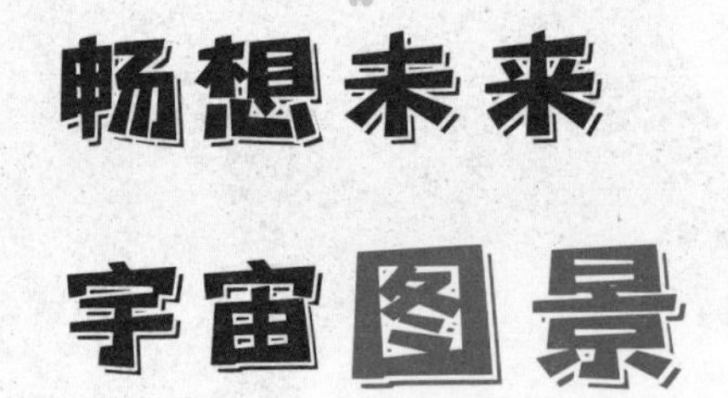

畅想未来宇宙图景

对于宇宙的过去，我们已经有所了解，但我们一定和很多科学家一样，更想弄清楚宇宙到底是在某一时刻转为收缩还是会永远不停地膨胀下去。在大尺度宇宙结构中，我们人类简直微不足道，就连数量庞大的星系也成为一个微乎其微的点，和人类一样，星系也有从诞生到消亡的一生。那么在未来，由恒星组成的星系又会是什么图景？若干年后，当人类仰望星空，还会是现在这样繁星满天的美丽景象吗？

超新星“现身说法”：宇宙加速膨胀

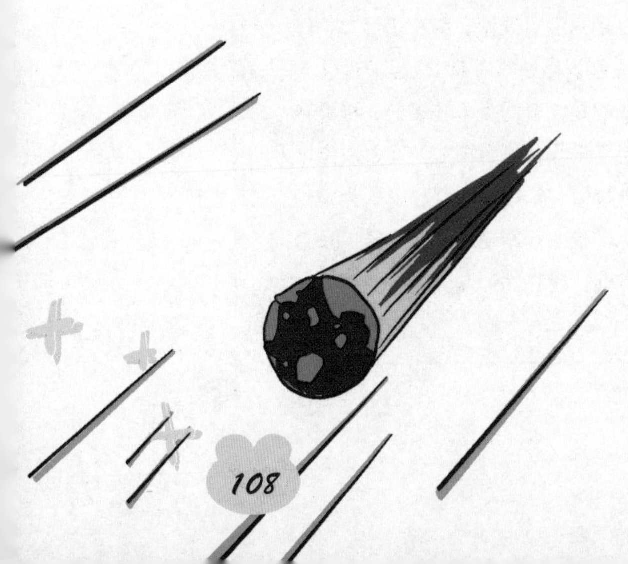

对于质量相当于太阳质量8～20倍的这一类大质量恒星，因质量巨大，在星壳和星核彻底“决裂”的演化后期，通常会有超新星的爆发。

超新星也可以理解为超大

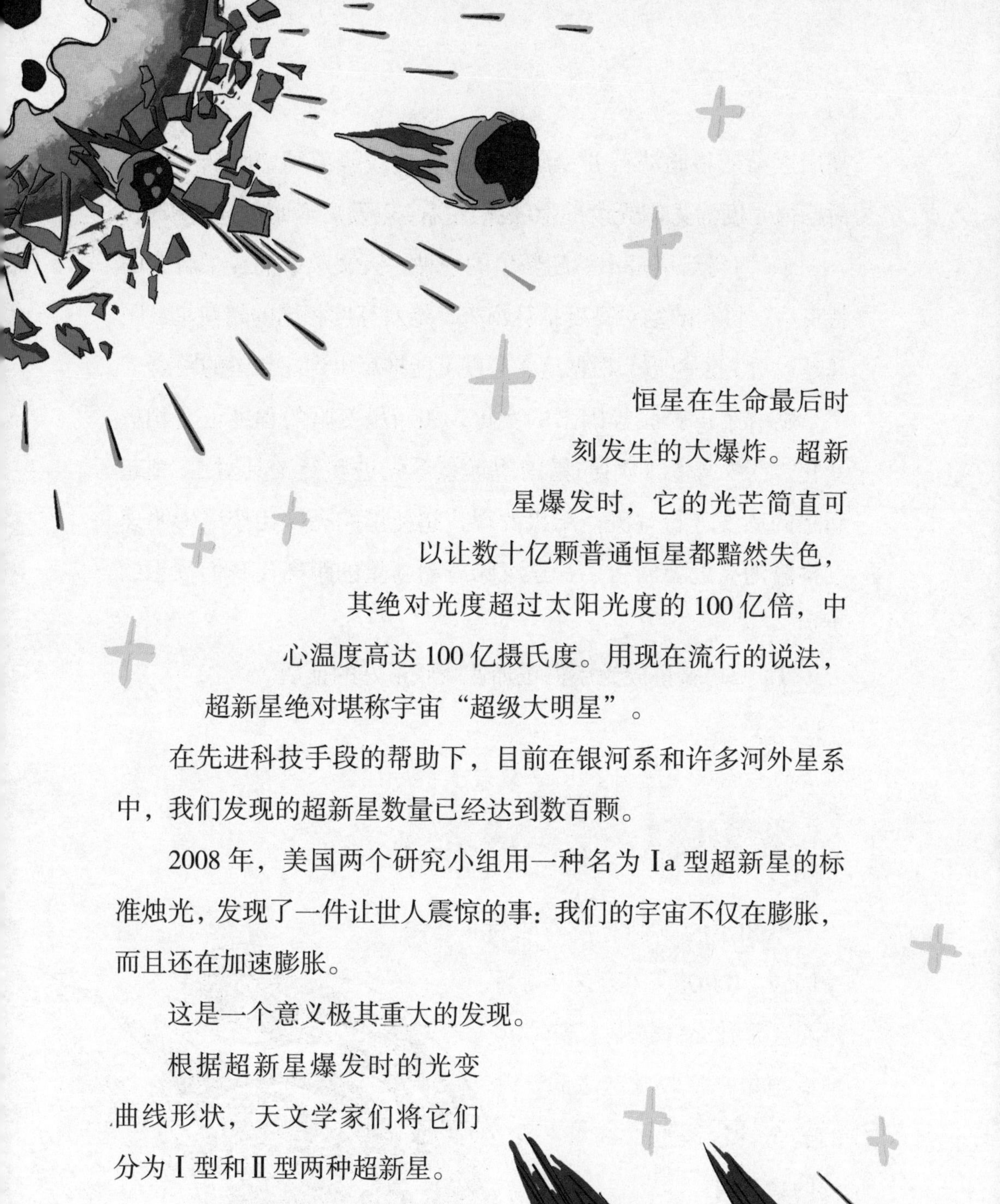

恒星在生命最后时刻发生的大爆炸。超新星爆发时，它的光芒简直可以让数十亿颗普通恒星都黯然失色，其绝对光度超过太阳光度的100亿倍，中心温度高达100亿摄氏度。用现在流行的说法，超新星绝对堪称宇宙“超级大明星”。

在先进科技手段的帮助下，目前在银河系和许多河外星系中，我们发现的超新星数量已经达到数百颗。

2008年，美国两个研究小组用一种名为Ⅰa型超新星的标准烛光，发现了一件让世人震惊的事：我们的宇宙不仅在膨胀，而且还在加速膨胀。

这是一个意义极其重大的发现。

根据超新星爆发时的光变曲线形状，天文学家们将它们分为Ⅰ型和Ⅱ型两种超新星。

Ⅰ型超新星光变曲线峰值“锋利”，绝对峰值光度为太阳光度的100亿倍，爆发之后亮度逐渐变得暗淡；Ⅱ型超新星光变曲线峰值稍“圆润”，绝对峰值光度为太阳光度的10亿倍左右，爆发后变暗的速度极快。

Ⅰa型超新星是Ⅰ型超新星的一种，天文学家们在了解它的特点后，将它的绝对亮度推算出来。绝对亮度相同的超新星，距离越远看上去越暗，根据这一亮度就能推算出到超新星的距离。

随着宇宙膨胀等因素的变化，超新星变暗的程度也会相应变化。天文学家们用昴星团望远镜等先进测量工具对Ⅰa型超新星的亮度进行观测，结果发现，超新星的亮度比按照膨胀速度推算的亮度要暗得多，这意味着超新星的距离比我们预想的更远。

Ⅰa型超新星成为宇宙正加速膨胀最好的证明。

不堪设想：星系的未来

不知小朋友们有没有想过这么一个问题：100兆年（万亿年）后，星系会是什么样子呢？到时，所有恒星都将收敛起耀眼的光芒，这该是多么可怕的景象啊！

一些与太阳质量相近的恒星，在核聚变反应停止后，变成

温度高、密度高、光度低的白矮星，而比太阳质量更大的恒星将以大爆炸结束自己的一生，变成超新星。大爆炸之后，残留物形成中子星和神秘黑洞。

未来星系充塞着中子星、黑洞以及白矮星，它们将取代现在的恒星重新构成星系。

科学家们通过电脑模拟出 20 亿年后仙女座和银河系相撞的情景，因此科学家们做出这样大胆的预言：届时，仙女座和银河系有很大可能将合二为一。

现在，根据科学家们的测算，仙女座和银河系正以 120 千米每秒的速度相互靠近，借助计算机模型对此进行测算，它们的碰撞可能分前后两阶段进行。

20 亿年后为前一阶段。到时，在强大的引力作用下，银河系和仙女座的形状都会有所改变，它们将拖着一条由尘埃、行星和恒星等组成的“尾巴”。

30 亿年后为后一阶段。仙女座和银河系将产

生联系，从现在的螺旋形星系变成椭圆形星系。说不定那个时候，人类早已不复存在，耗尽能量的太阳开始膨胀，地球将荒无人烟，一片死寂。

“吸食”天体的“大胃王”：黑洞

1 000 兆年的漫长时间之后，因星系运动导致恒星之间相互碰撞，两个物体之间靠得越紧，受到的引力作用也越强，因此，当质量相同的物体集中在小区域时，它们将会受到极强的引力。

此时，一旦星系间发生碰撞事故，其中的物质便因引力而聚集，物质被破坏后，形成的小黑洞将变成大黑洞。

星系中，黑洞的质量像滚雪球般越来越大，四周天体不断被它“吞食”。“吞食”天体数目越多，它的质量便越大，当然，它的“胃口”也变得更惊人，它能“吸食”的范围也越来越大。到最后，星系不复存在，都逐渐演变成超巨大黑洞。

这时，黑洞代替星系而存在，这时的黑洞叫中黑洞。因质量与星系同级，吸引力极其强大的中黑洞毫不客气地将从太空射来的天体和陨石等物质和能量，化为自己需要的物质和能量。

虽然中黑洞的质量和能量不断变大，但它的外部温度一点也不高。当“吞食”的能量逐渐进入黑洞内部的核心区域，其

内部温度

达到超高值 1 032

摄氏度，甚至还远超这一

温度。如此一来，就形成泾渭

分明的两个区域：温度极低但

具有抗暴能力的外部区域；温度超

高、具有爆炸能力的内部区域。

黑洞在不断变成“大胃王”的过程中，不断吸收能量为己所用，当黑洞内部发生裂变，外壳随之变得越来越薄，黑洞也将迎来最终结局——爆炸。

漫长岁月后，超级黑洞统治宇宙，一切似乎都沉寂下来，那黑洞爆炸之后呢？宇宙是不是又将开始新的轮回？

黑洞作为宇宙中最神秘的天体，更多关于它的谜团，我们将在《孩子们看得懂的时间简史·黑洞的谜团》一书中做详细介绍！

图书在版编目（CIP）数据

时间简史. 宇宙大爆炸 / 郭炎军编著；张雪青绘
. -- 北京：北京理工大学出版社，2024.3
（孩子们看得懂的科学经典）
ISBN 978-7-5763-2970-4

Ⅰ. ①时… Ⅱ. ①郭… ②张… Ⅲ. ①宇宙—少儿读
物 Ⅳ. ①P159-49

中国国家版本馆CIP数据核字（2023）第195444号

责任编辑：封　雪　　　文案编辑：封　雪
责任校对：周瑞红　　　责任印制：施胜娟

出版发行 / 北京理工大学出版社有限责任公司
社　　址 / 北京市丰台区四合庄路6号
邮　　编 / 100070
电　　话 /（010）68944451（大众售后服务热线）
（010）68912824（大众售后服务热线）
网　　址 / http: //www.bitpress.com.cn

版 印 次 / 2024年3月第1版第1次印刷
印　　刷 / 三河市嘉科万达彩色印刷有限公司
开　　本 / 710 mm × 1000 mm　1/16
印　　张 / 7.5
字　　数 / 73千字
定　　价 / 118. 00元（全3册）